산부인과 TV

박혜성의 **명기** 만들기

산부인과TV
박혜성의 **명기 만들기**

열쇠는 결국 여성이 쥐고 있습니다

갈등 없는 부부나 연인이 얼마나 되겠습니까. 처음엔 서로 손끝만 스쳐도 오감이 찌릿찌릿하지만 '사랑의 유통기한'이 지나면 무덤덤해지는 게 인간의 본능입니다. 더구나 갱년기가 오면 질건조증으로 인한 성교통으로 섹스가 고통이 됩니다. 이처럼 권태기, 성교통 등으로 인한 성 갈등은 섹스리스로 이어지기 쉽고, 결국 외도와 이혼이라는 파국을 맞을 가능성이 커집니다.

이런 불행이 없으려면 남성도 노력해야 하지만 결국 해결의 열쇠를 쥐고 있는 것은 여성입니다. 천하의 변강쇠라도 성교통이 있는 여성, 오르가슴 장애가 있는 여성을 만족시키는 건 불가능하지만 여성이 진정한 명기가 되면 남성이 조루든 발기부전이든 함께 행복해지는 섹스를 할 수 있기 때문입니다.

그런데 명기란 무엇일까요? 왜 산부인과 의사가 명기를 얘기하는 걸까요? 모든 여성이 명기가 되었으면 하는 바람에서입니다. 예전엔 명기는 선천적으로 타고나는 것이라고만 생각했는데 30년 넘게 산부인과 의사로 일하면서, 또 10년 넘게 성 관련 팟캐스트와 유튜브를 진행하고 방송에 출연하면서 명기는 만들어질 수 있다는 것을 알게 되었습니다. 이것이 제가 모든 여성이 명기가 되는 데 도움이 될 가이드북을 만든 이유입니다.

이 책은 네 파트로 구성되어 있습니다.
1. 명기가 되고 싶다
2. 명기의 언어
3. 명기의 조건
4. 명기를 만들기 위한 의학적 도움

명기가 되기 위해서는 정신적·육체적 조건이 모두 맞아야 합니다. 또한 파트너와의 교감도 중요하고, 속궁합도 잘 맞아야 합니다. 따라서 무엇이 명기인지 제대로 알고, 내가 명기인지 아닌지 테스트해 보고, 명기가 되기 위한 여러 가지 방법을 알고 노력해야 합니다.

특히 3부 명기의 조건에 있는 '명기 급수 테스트' 챕터를 참고해 책 표지에 있는 QR코드를 통해 '명기 급수 테스트'를 해서 객관적·주관적으로 자신의 상태를 판단하고, 그리고 어떤 노력을 해야 하는지 참고하면 도움이 될 것입니다.

섹스는 내가 행복해지고, 상대가 행복해지기 위한 사랑의 행위입니다. 본능에만 의지해서는 행복한 섹스가 이뤄지기 힘들다는 것은 이미 경험하셨을 것입니다. 아는 만큼 즐거워지고 행복해지는 게 섹스입니다. 그래서 모든 여성이 섹스를 제대로 즐기며 행복한 삶을 살 수 있는 방법을 정리했습니다.

이 책을 따라 하며 노력한다면 누구나 성적 자존감을 높이고 명기가 될 수 있다고 자신합니다. 그러면 부부관계는 저절로 좋아지고, 불행하다고 생각했던 인생이 제2의 신혼을 사는 것처럼 달콤해질 것입니다.

사실 모든 남성은 명기를 만나고 싶어 하고, 모든 여성은 명기가 되고 싶어 합니다. 이 책이 이런 고민을 하는 사람들에게 조금이라도 도움이 되었으면 합니다. 이 땅의 모든 여성이 명기가 되는 일에 일조하는 것은 산부인과 의사로서 더없이 기쁜 일입니다.

2024년 12월 박혜성

명기

박혜성

첼로나 바이올린에
스트라디바리우스가 있다면
여성에게는 명기가 있죠

그런데 명기가 소리를 내기 위해서는
명기를 연주하는
명장이 있어야 하죠

명장이 연기하는 명기의 소리는
사람의 마음을 움직이고
사랑하는 감정을 샘솟게 하고
세상을 행복하게 만들죠

당신은 명기인가요?
당신은 명장인가요?
아름다운 소리를 낼 수 있나요?

몸이 내는 아름다운 소리!
당신도 할 수 있습니다.

Contents

Part 2

명기의 언어

Part 3

명기의 조건

Part 4

명기를 만들기 위한 의학적 도움

Part 1

명기가 되고 싶다

01 당신의 성생활은 어떤가요?

당신은 지금 얼마나 성생활을 즐기고 있나요? 그리고 얼마나 만족하며 살고 있나요? 오르가슴도 만족할 만큼 느끼고 있나요?

오래된 통계이기는 합니다만, 이후에 이 정도 규모의 세계적 통계가 나온 적이 없어서 그대로 인용해 볼게요. 글로벌 제약회사인 화이자가 2006년 발표한 「더 나은 섹스의 비결 보고서」에 따르면 한국 부부의 성생활 만족도는 세계 최저 수준이었습니다.

흥미로운 건 한국 부부는 섹스에 대한 갈망은 매우 높은 데 비해 실제 섹스의 질은 매우 낮다는 점이에요. 남성 91%, 여성 85%가 '섹스가 인생에서 매우 중요하다'고 생각하는 데 반해 '현재 성생활에 매우 만족하는가?'라는 질문에는 남성 9%, 여성 7%만이 '그렇다'고 응답했으니까요. 멕시코, 브라질, 스페인 사람들은 53~78%가 '매우 만족한다'고 응답한 것과는 큰 차이가 있어요.

산부인과 전문의로서 30년 가까이 수많은 환자를 상담하고, 10년 전부터 팟캐스트 〈고수들의 성 아카데미〉와 유튜브 〈산부인과TV〉를 통해 시청자들과 소통하면서 피부로 느낀 바로는 지금도 우리나라 여성의 성 만족도는 그때와 별반 차이가 없다는 것입니다.

섹스가 인생에서 매우 중요하다고 생각하면서도 정작 성생활에 만족하지 못하는 이유가 뭘까요. 핑계를 찾자면 수만 가지가 있겠죠. 직장 스트레스, 부부 갈등, 섹스 스타일 차이, 질건조증, 불감증, 발기부전, 조루, 지루….

어떤 이유로 인해서든 섹스가 부부에게 즐거움과 안식을 주지 못하면 권태기에 접어들고 섹스리스로 이어집니다. 그 결혼 생활은 결국 파국으로 이어질 가능성이 농후하고요.

그런데도 우리나라 사람들은 부부가 섹스하지 않는 것을 애써 합리화하고 대충 넘기는 경향이 있습니다. "가족 간에 하는 것은 근친상간"이라거나 "부부는 의리로 사는 형제"라는 우스갯소리로 대충 눙치려 하죠.

하지만 생각해 보세요. 섹스는 몸으로 하는 대화이고, 부부관계를 유지해 주는 가장 큰 영양분입니다. 대화가 없는 관계는 이미 단절된 관계입니다. 한마디로 남남인 거죠. 또한 영양분이 지속적으로 공급되지 않으면 어떤 생명체든 죽게 됩니다. 사람이 먹지 않으면 죽듯이, 성관계가 없는 부부관계도 마찬가지입니다.

그럼 성욕이 없는 부부는 어떻게 해야 할까요? 식욕이 없다고 해서 계속 아무것도 안 먹으면 당연히 죽겠죠. 억지로라도 음식물을 섭취하고, 식욕을 잃은 원인을 찾아 치료해야 합니다. 성욕도 마찬가지입니다. 억지로라도 부부관계를 가져야 합니다. 그리고 성욕이 없는 이유를 찾아내 해결해야 합니다.

우리가 맛있는 음식을 먹기 위해 조리법을 연구하고 요리를 잘하기 위해 연습하듯이 맛있는 섹스를 하기 위해 연구하고 노력해야 합니다. 할 수 있는 모든 것을 다 해보고, 바꿀 수 있는 것은 배우자만 빼고 모두 바꿔봐야 합니다.

스스로 할 수 있는 것은 하고, 그렇지 않은 것은 산부인과 전문의를 찾아 의학적 도움을 받으면 됩니다. 그렇게 해서 섹스가 개선되면 성욕이 살아나게 되고, 성욕이 살아나면 부부 사이도 당연히 좋아집니다.

원 포인트 레슨

부부가 여생을 함께 행복하게 살려면 무엇보다 섹스가 잘되어야 합니다. 부부 싸움을 했더라도, 배우자가 아무리 미운 짓을 했더라도 섹스는 정기적으로 해야 합니다. 아이가 잘못해도 밥은 먹여야 하듯이 부부 사이에 미움이 있어도 서로 몸을 섞다 보면 상대방에 대한 미움도 잦아들고 사랑이 되살아나기 마련입니다.

02 　　　　　　　　　 속궁합은 서로 맞춰가는 것

왜 부부간에 성 트러블이 생기고, 성욕이 사라지고, 섹스리스가 되는 걸까요. 사람들이 섹스에 대해 잘못 생각하고 있어서가 아닐까 합니다.

성욕은 육체를 통해 상대와 교감하고 싶어 하는 갈망입니다. 섹스는 그 갈망을 풀어가는 행위고요. 때론 자신의 성욕을 해소해 달라고 상대방에게 요구하기도 하고 반대로 요구받기도 하지만, 중요한 것은 서로 주고받아야 한다는 것입니다.

섹스를 '성관계'라고 하는 이유는 성을 매개로 서로 몸과 마음, 감정을 교감하며 관계를 맺는 행위라는 데 있습니다. 이를 통해 두 사람이 함께 즐거움과 행복을 느끼는 과정이 섹스입니다. 따라서 어느 한쪽이 일방적으로 요구하기만 하고, 다른 한쪽은 계속 수용하기만 하면 문제가 생길 수밖에 없습니다.

간혹 상대의 성욕만을 충족시켜 주고 자신의 성욕을 희생하는 것을 '사랑'이라고 생각하는 여성이 있는데 큰 착각입니다. 일방적으로 상대를 배려하는 것은, 심지어 자신은 원하지 않는데 오직 상대방을 위해 자신을 희생하는 관계에서는 교감이 제대로 이뤄질 수 없습니다. 그저 상대 성욕의 배설 도구 역할을 하는 것일 뿐이지요.

더구나 남성들은 그런 희생을 알아주지도 않고 고마워하지도 않습니다. 오히려 섹스가 만족스럽지 않다며 투덜댈 가능성이 큽니다. 왜냐면 섹스는 한쪽이 성적 쾌감을 즐기지 못하면 상호작용이 이뤄지지 않아 상대방도 성적 쾌감을 제대로 즐길 수 없기 때문입니다. 결국 배설 행위만 있을 뿐 남성과 여성 모두 즐겁지 않은 행위가 되는 것입니다.

'속궁합'이라는 말이 있습니다. 저는 처음부터 속궁합이 맞는 경우는 거의 없다고 봅니다. 속궁합은 서로 맞춰가는 것이기 때문이죠. 서로를 성적으로 행복하게 해주려고 진심으로 노력하고, 그렇게 해서 둘 다 성적으로 행복해질 때 비로소 두 사람의 속궁합은 찰떡궁합이 되는 것입니다.

성적으로 갈등이 있다면 그건 속궁합을 맞추려고 서로 노력하지 않았거나 어떻게 하면 속궁합을 맞출 수 있는지 몰랐던 것일 뿐입니다. 이제부터라도 속궁합을 맞추기 위한 노력을 시작해 보세요.

원 포인트 레슨

섹스는 육체적으로 소통하는 행위임을 잊어서는 안 됩니다. 육체적으로 잘 소통해서 성적 만족도를 높이려면 올바른 학습이 필요합니다. 모든 건 아는 만큼 보이는 법이니까요.

03 수컷의 본능과 권태기

부부관계에 위기를 불러오는 첫 번째 원인은 권태기입니다. 특별한 이유 없이 배우자에게 짜증이 나고, 서로 '소 닭 보듯 쳐다보는' 무덤덤한 생활이 지속되는 때를 권태기라고 합니다.

어느 부부나 결혼 후 어느 정도 시간이 지나면 권태기가 찾아오기 마련이죠. 권태기는 자연스러운 현상일 수 있습니다. 문제는 권태기에 접어들면서 일상생활뿐 아니라 성생활도 활력을 잃는다는 데 있습니다.

권태기는 왜 생기는 걸까요? 저는 권태기가 생기는 근본 원인은 일부일처제에 있다고 생각합니다.

일부일처제는 두 사람이 안정적으로 가정을 꾸린다는 장점이 있습니다. 성(性)적으로 봤을 때 법적으로 안정된 섹스 파트너를 보장받는다는 의미가 있지만, 반대로 생각하면 파트너 이외에는 섹스가 금지된다는 뜻이기도 합니다.

불행하게도 수컷은 종족 번식을 위해 여러 암컷과 교미하려는 본능이 있습니다. 더구나 먹이를 찾아 이리저리 헤매다 보니 새로운 것에 대한 호기심도 왕성합니다. 일부일처제가 정착한 이후에도 남성들이 다른 여성을 기웃거리는 이유입니다.

안정된 섹스 파트너를 보장받으면 이런 본능이 필요 없는 것 아니냐고요? 불행히도 그렇지 않습니다.

생물학자들이 건강하고 성숙한 쥐 암수 두 마리를 한곳에 넣어두는 실험을 했습니다. 그 결과 처음엔 활발하게 교미 활동을 하다가 시간이 지날수록 그 횟수가 눈에 띄게 감소했습니다. 서로 익숙해지면서 성적 관심이 줄어든 것이죠. 이때 암컷을 꺼내고 다른 암컷을 넣었더니 수컷은 흥미와 생기를 되찾고 교미 활동이 처음 수준으로 높아졌다고 합니다.

이렇게 새로운 상대에 대해서 리비도(성적 충동)가 증가하는 것은 쥐에게만 국한된 것이 아닙니다. 인간도 마찬가지입니다.

결혼하고 처음 몇 년 동안은 부부 사이에 성관계가 빈번하지만 일정 기간이 지나면 급격하게 감소하다가 이내 완만한 감소율을 보인다고 합니다. 완만한 감소는 나이 탓이겠지만 급격한 감소는 새로움에 대한 매력이 사라졌기 때문으로 전문가들은 분석합니다.

실제로 부부관계를 장기간 유지해 온 남성들의 경우 남성호르몬인 테스토스테론 농도가 낮은 것으로 나타났습니다. 이는 성욕이 감소했음을 의미합니다. 만약 이때 새로운 여성을 만나게 된다면 그 결과는 자명할 것입니다.

그렇다면 남성의 성욕은 여러 여성과 동시에 성관계를 가지면 충족될까요? 그렇지도 않았습니다. 에드워드 라우만 시카고대 교수의 연구에 따르면 성욕 충족감은 파트너 수와 반비례했습니다. 남성이 육체적 쾌락과 정서적 만족을 동시에 얻으려면 파트너가 여러 명이 아닌 한 명이어야 한다는 것이죠.

여성도 섹스 파트너가 있는 미혼보다는 남편이 있는 기혼의 성적 만족도가 더 높은 것으로 나타났습니다. 물론 섹스 빈도가 높을수록 삶의 만족도도 높은 것으로 나타났고요.

결국 부부가 섹스를 자주 즐기는 것이 남녀 모두 육체적으로도 정신적으로도 만족하는 삶을 살 수 있는 비결이었습니다. 그러려면 권태기를 극복해야겠죠.

원 포인트 레슨

내일 지구가 멸망한다면 오늘 무엇을 하시겠습니까. 한 철학자는 "한 그루 사과나무를 심겠다"고 했습니다. 연인들은 당연히 "함께 뜨거운 사랑을 나누겠다"고 하겠죠. 그렇습니다. 오늘이 마지막인 것처럼 남편과 열정적으로 사랑을 해보세요. 오늘 당장요.

04   여성에게 원인이 있는 경우

부부관계에 위기를 불러오는 원인 중에는 여성에게 원인이 있는 경우가 있습니다.

첫째, 성욕은 있는데 몸이 잘 반응하지 않는 경우입니다.

둘째, 성욕을 느끼지 못하는 경우입니다.

셋째, 성교통입니다.

이 증상들은 심리적인 원인일 수도 있고, 외상으로 인한 것일 수도 있습니다. 하지만 호르몬의 영향 때문인 경우가 많습니다.

예를 들어 우리 몸은 위기에 처하면 부신에서 코르티솔이라는 호르몬이 분비돼 스트레스 등 위기 상황에 잘 대처하도록 설계되어 있습니다. 그런데 코르티솔이 분비되면 성호르몬 분비가 줄어들면서 성욕이 감퇴하게 됩니다. 왜냐면 생존이 먼저고 성욕이나 생식은 그다음 순서이니까요. 따라서 신체적으로 특별한 원인이 없는데 성욕에 문제가 생겼다면 자책할 것이 아니라 성욕을 감소시키는 원인부터 찾아야 합니다.

가장 흔한 원인으로는 코르티솔의 밸런스가 깨진 경우(만성 스트레스), 프로게스테론이나 에스트로겐 농도가 낮거나 높은 경우, 안드로겐 농도가 낮은 경우, 갑상샘 기능이 낮은 경우 등입니다. 호르몬에 변화가 생겼다면 호르몬 밸런스를 맞추는 처방을 받는 것이 좋습니다.

질 건조와 성교 통증도 여러 원인이 있지만 가장 큰 원인은 역시 호르몬 불균형입니다. 특히 갱년기가 되면 에스트로겐과 테스토스테론 저하로 인해 자극에 덜 민감해지고 오르가슴도 덜 느끼게 됩니다. 특히 에스트로겐 수치가 낮아지면 질 윤활에 영향을 주어서 질이 건조해집니다. 이럴 때 호르몬을 보충하면 증상이 좋아집니다.

하지만 호르몬 치료보다 더 중요한 것은 생활 방식입니다. 성욕에 문제가 생겼다면 일단 잘 먹고 잘 자고 잘 싸야 합니다. 낮에 햇볕을 쬐며 걸으면 세로토닌 분비가 늘어나고, 밤 10시 이전에 편안한 마음으로 잠을 청하면 멜라토닌과 성장호르몬 분비가 증가합니다. 식사는 가공식품이 아닌 땅이나 바다에서 나온 것을 먹고, 땀이 나고 숨이 찰 정도로 운동을 해야 합니다. 그리고 무엇보다 남편과 대화를 자주 해야 합니다.

원 포인트 레슨

신은 인간 스스로 치유할 수 있는 많은 것을 주었습니다. 다만 우리가 알지 못할 뿐이죠. 노력했는데도 문제가 해결되지 않는다면 전문가를 찾아야 합니다.

05   여성 성욕 감퇴 치료법

여성의 성욕 감퇴 치료는 원인에 따라 다양한 접근이 필요합니다.

에스트로겐 수치가 낮은 경우

에스트로겐 호르몬이 감소하면 질이 건조해지고 성교통이 생기면서 성욕이 떨어집니다. 따라서 호르몬 대체요법을 통해 에스트로겐을 보충하면 성교통이 줄어들어 성욕이 개선될 수 있습니다. 에스트로겐을 보충해도 성욕 저하가 개선되지 않는 경우 테스토스테론 호르몬을 보충하면 도움이 됩니다.

도파민, 세로토닌이 감소한 경우

여성의 성욕과 관계된 신경전달물질 중에 가장 중요한 게 도파민과 세로토닌입니다. 병원에서 소변 유기산 검사를 통해 도파민과 세로토닌 부족 여부를 확인할 수 있는데요. 부족한 경우 약물치료나 건강보조식품, 음식을 통해 개선할 수 있습니다.

질 점막이 얇아진 경우

질 점막이 얇아져서 질이 위축되고 건조해지면 성생활에 불편을 느껴서 성욕이 감퇴할 수 있습니다. 이런 경우 여성호르몬 질정이나 질 크림을 주기적으로 사용하면 도움이 됩니다. 그래도 해결이 안 되면 질 레이저 시술을 받을 수 있습니다.

불안과 우울증, 불면증, 만성피로

불안과 우울증, 불면증, 만성피로로 인해 성욕이 저하되는 경우가 있습니다. 약물을 통해 충분히 치료할 수 있습니다.

스트레스

스트레스는 코르티솔 호르몬을 증가시키고, 코르티솔은 테스토스테론 수치를 급격히 떨어뜨립니다. 명상, 음악감상, 요가 등을 통해 스트레스를 관리하면 성욕 저하가 개선될 수 있습니다.

질염, 방광염, 성교통

성관계만 하면 생기는 질염, 방광염, 성교통이 성욕 저하의 원인이면 원인 질환을 치료할 수도 있지만 이런 경우 갱년기 여성호르몬 저하가 원인인 경우가 많습니다. 여성호르몬이 부족하면 질 점막이 얇아지고 건조해지며 탄력성을 잃고 위축됩니다. 이런 상태가 계속되면 질은 더욱 건조해져서 성관계 시 통증이 생기고, 손상을 받거나 감염되기 쉬운 상태가 돼 부부관계를 기피하게 됩니다. 아울러 폐경 후에는 여성호르몬 감소로 요도 상피가 얇아지고 탄력성이 감소하며 방광 조절 능력이 떨어져 소변을 자주 보게 되고 야뇨 증세가 생깁니다. 요로에도 여성호르몬 수용체가 있기 때문입니다. 이럴 때는 질과 요도에 모두 도움이 되는 갱년기 여성호르몬제나 질 레이저 시술을 받으면 좋습니다.

위와 같은 증상이 없는데 성욕이 저하되었다면 다음과 같은 방법을 추천합니다.

비타민 B₅와 은행잎 섭취

성욕을 높이는 음식을 섭취하는 것도 좋습니다. 비타민 B₅와 은행잎은 성기능 개선에 좋은 작용을 합니다. 비타민 B₅는 성호르몬을 만드는 데 중요한 작용을 하며, 뇌에서 아세틸콜린을 촉진해 성 기관에 성적 신호 전달이 원활해지도록 합니다. 비타민 B₅가 많은 식품으로는 닭고기, 소고기, 감자, 콩이 있습니다. 은행잎은 혈액순환, 뇌 대사 개선, 신경 대사 안정화, 신경전달 장애 개선에 도움을 줍니다.

짜릿한 모험

달리기 대회에 참가하거나 지도 없이 낯선 곳 하이킹하기, 놀이공원에서 롤러코스터 타기 같은 간단한 모험은 성욕 증진에 도움을 줍니다. 짜릿한 모험을 하면 교감신경이 흥분하고, 위기가 왔다고 느끼면서 뇌 호르몬 도파민을 상승시키기 때문이죠. 이처럼 사람은 흥분하면 사랑에 빠졌을 때처럼 도파민이 분비되기 때문에 이것을 활용하면 성욕이 증가하거나 다시 사랑에 빠질 수 있습니다.

달리기, 자전거 타기, 수영

유산소운동은 뇌에 엔도르핀을 형성시켜 좋은 기분을 느끼게 하고 혈액순환을 촉진합니다. 운동 뒤 한 시간 정도 지나면 테스토스테론 수치가 증가하면서 성욕도 증진됩니다.

성적 보조 기구 사용

성적 쾌감을 증진하기 위해 진동기 및 성적 보조 기구를 사용할 수 있습니다. 여성 비아그라는 성욕을 직접적으로 증가시키지는 않지만 오르가슴에 오르게 해 성적 즐거움을 높여줍니다.

원 포인트 레슨

성욕 저하를 막는 치료법은 개인의 건강 상태, 원인, 선호도에 따라 다양하게 조합될 수 있습니다. 반드시 전문가 상담을 통해 가장 적합한 치료법을 찾는 것이 중요합니다.

06   성관계를 거부하면 남성이 하는 생각

질건조증과 성교통으로 저를 찾아온 여성이 있었습니다. 2년 전 폐경이 되었지만 자궁선근증과 하혈 때문에 여성호르몬제 복용을 주저해서 그동안 갱년기 치료를 하지 않았죠.

당연히 성교통 때문에 성관계가 힘들었습니다. 과거엔 오르가슴을 잘 느낄 정도로 성감이 좋았는데, 질건조증이 생긴 이후로는 너무 아파서 성관계를 피하곤 했습니다.

처음엔 억지로 해보았지만 갈수록 고통만 커졌습니다. 그래서 저녁이면 남편 눈도 피하고 바쁜 척하면서 남편이 잠든 후에야 안방으로 들어가곤 했습니다. 그러자 얼마 전에 남편이 짜증을 내면서 "바람났냐? 이혼 도장 찍어줄까?"라고 했다며 울더군요.

질건조증이나 성교통 등으로 인해 섹스리스로 사는 여성들을 지켜본 바에 따르면 크게 두 가지 반응을 보이는 경우가 많습니다.

첫째는 그동안 살아온 의리가 있으니 남편이 성관계를 하지 않아도 자신을 배려해 줄 것으로 생각합니다. 하지만 남편의 외도 사실을 알게 되면 상처를 받습니다.

두 번째는 남편이 외도해도 어쩔 수 없다는 반응입니다. 아예 남편에게 "나가서 바람을 피워"라고 말하는 여성도 있습니다. 그러면서 이런 말을 덧붙이죠. "바람을 피우더라도 나에게 걸리지는 마"라고요. 하지만 남편의 외도 사실을 알게 되면 상처를 받는 것은 마찬가지입니다.

불행히도 생물학적으로, 육체적으로 남성은 여성과 다릅니다. 여성은 이성이 본능을 억누르는 힘이 있지만, 남성은 본능이 이성을 압도해 버립니다. 그래서 남성은 훨씬 본능에 가깝게 살아갑니다.

남성들은 아내가 성관계를 거절하면 대부분 이런 생각을 합니다.

'아내가 이제는 나를 사랑하지 않는구나!' '아내에게 다른 남자가 생겼나?' '이제 나는 어디서 섹스를 해야 하지?'

이처럼 남성들은 여성이 성교통 때문에 성관계를 피하는 게 이해도 안 되고 이해하려고 하지도 않습니다. 이런 남성의 생각을 여성들은 모릅니다. 아니, 알려고 하지도 않습니다. 여기서 갈등이 시작되는 것입니다. 이제라도 남성들이 머릿속에서 이런 생각을 한다는 것을 알아야 합니다. 내 남자를 지키고 싶다면 그의 본능을 충족해 주면서 살아가는 게 중요합니다. 상대의 욕구를 모른 체하거나 무시하면 어느 날 갑자기 가정에 위기가 올 수 있습니다.

원 포인트 레슨

집에서 밥을 못 먹으면 허기를 채우기 위해 외식하는 것처럼 남성도 그렇게 외도할 수 있습니다. 진화생물학적으로 그렇다는 이야기입니다. 모든 남성이 그런 행동을 하는 것은 아닙니다. 자기 손으로 해결하는 남성 있고, 성욕을 죽이는 남성도 있습니다.

07   서로 다른 사랑의 언어

저를 찾아와 성 상담을 하는 여성은 대부분 남편에게 사랑받고 싶어 합니다. 그런데 "나는 최선을 다해 노력했는데도 남편이 바람을 피우는 이유를 모르겠다"고 말하는 경우가 있습니다.

이런 여성들에게는 공통된 특징이 있습니다. 남성을 잘 모른다는 것이죠. 그래서 자기 나름대로 열심히 남편에게 사랑을 주지만 그것이 남편이 원하는 방식인지는 생각하지 않습니다. 그냥 자기 방식으로 남편을 사랑한 셈입니다. 어쩌면 남편은 이런 아내를 보며 '아내가 나를 사랑하지 않는다'고 생각할지도 모릅니다.

『5가지 사랑의 언어』를 쓴 게리 채프먼은 대표적인 사랑의 언어 다섯 가지로 '인정하는 말' '함께하는 시간' '선물' '스킨십' '봉사'를 꼽았습니다. 맞는 말입니다.

문제는 사람마다 제1의 사랑 언어가 다르다는 것입니다. 상대가 원하는 제1의 사랑 언어를 알지 못하고 그걸 충족해 주지 않는 것은 상대의 가려운 곳이 아닌 엉뚱한 곳을 긁어주면서 "왜 시원하다고 하지 않냐"고 서운해하는 것과 같습니다.

내가 원하는 사랑을 하고, 내가 원하는 사랑을 받으려면 가장 먼저 해야 할 일은 나와 상대의 첫 번째 사랑의 언어를 파악하는 것입니다.

어떻게 상대방의 첫 번째 사랑의 언어를 파악할 수 있을까요. 상대가 좋아하거나 짜증 내는 이유를 보면 충분히 유추해 볼 수 있습니다. 대부분 남성의 첫 번째 사랑의 언어는 스킨십인 경우가 많습니다.

어린아이들은 졸릴 때 짜증을 내면서 웁니다. 잠투정이죠. 아기가 잠투정하면 잘 보듬고 달래면서 재워야 야단친다고 해결되지 않습니다.

어린아이의 잠투정처럼 섹스 투정을 하는 게 남성들입니다. 성관계를 하지 못하면 남성들은 아무것도 아닌 일에도 짜증을 부리고 화를 냅니다. 하지만 성관계를 하고 나면 언제 그랬냐는 듯 친절하고 따뜻한 사람이 됩니다.

여성은 남성의 성욕이 얼마나 강한지 잘 모릅니다. 남성은 여성보다 테스토스테론이 10배에서 100배까지 높습니다. 즉 여성보다 최소 10배 이상 성욕이 강한 거죠. 남성은 성욕이 높아야 씨를 자주 뿌릴 수 있고, 그래야 2세가 많이 태어나 자손이 번성할 수 있기 때문입니다. 남성의 성욕은 그렇게 진화해 왔습니다.

여성이 성욕이 없어서, 성교통이 심해서 남편과 성관계를 하지 않는 것은 자신이 배가 고프지 않다고 아이를 굶기는 것과 같습니다. 여성은 섹스 없이 살 수 있지만 남성은 그렇지 않습니다. 남성에게는 사랑이 곧 섹스고, 섹스가 곧 사랑입니다.

남성은 첫 번째 사랑의 언어인 섹스 욕구가 충족되어야 비로소 상대에게 인정하는 말도 해주고, 함께하는 시간을 가지며, 선물도 주고, 상대를 위해 봉사도 할 수 있습니다.

이와 달리 여성은 첫 번째 사랑의 언어가 낮은 단계의 스킨십일 수도 있고, 나를 인정하는 말일 수도 있고, 함께하는 시간일 수도 있습니다. 부부 사이에 정서적으로 친밀감만 있으면 여성은 평생 섹스 없이도 살 수 있습니다.

하지만 남성은 그렇지 못합니다. 아무리 나이를 먹어도 섹스 없는 결혼 생활은 의미 없어 합니다. 언젠간 밖으로 나돌게 되는 게 남성의 본능입니다.

아무리 나이가 들어도 숟가락 들 힘만 있으면 섹스를 하고 싶어 하는 게 남성입니다. 그런데 성욕엔 갱년기가 없어도 심리적으로는 갱년기를 겪습니다. 사회적으로 퇴물 취급을 받고 집안에서도 찬밥 신세인 상태에서 아내가 섹스마저 등한시한다면 마음이 어떨까요. 아내의 모든 말과 행동이 다 불만이고, 아내가 이제는 나를 사랑하지 않는다고 생각할 것입니다.

이럴 때 잘해주는 여성을 만나면 큰 위로가 됩니다. 그러다 마음에 다시 핑크빛이 물들면서 그 여성에게 빠질 가능성이 큽니다. 물론 외도로 이어진다 해도 남성의 심리는 단순히 위로받고 싶은 마음이었을 뿐이고 그저 새로운 맛의 식사 한 끼를 하는 것, 그 이상도 그 이하도 아닐 가능성이 큽니다.

아내로서는 배신감이 크겠지만 냉정하게 자신의 행동을 돌아보아야 합니다. 왜 남편이 그렇게 유혹에 빠졌는지 처지를 바꿔 생각해야 합니다.

여성들이 남성의 첫 번째 사랑의 언어를 충족해 줄 때 자신이 원하는 사랑의 언어(그것이 '인정하는 말'이든 '함께하는 시간'이든 '선물'이든 '봉사'든)도 충족될 수 있다는 것을 명심해야 합니다.

원 포인트 레슨

사람은 은행 계좌처럼 감정 계좌가 어느 정도 채워져 있어야 다른 사람에게 사랑을 주고 배려할 수 있습니다. 감정 계좌를 채워주는 방법은 그가 원하는 것을 주는 것입니다. 배가 고프지 않은데 밥을 차려준다고 고마워하겠습니까? 돈 많은 사람에게 돈을 준다고 감동하겠습니까? 상대방이 원하는 것을 주세요. 그러기 위해서는 먼저 상대방이 듣고 싶어 하는 사랑의 언어를 파악해야 합니다.

08   이미 잡은 사냥감은 신경 쓰지 않는다

여성은 섹스가 고픈데 남성이 외면하는 경우도 있습니다.

남성 대부분은 아내를 위해 100% 노력하지 않습니다. 아내의 감정을 돌보지 않고 일도 도와주지 않으며 자기 기분대로 하는 경우가 많습니다. 그런 남편을 둔 아내는 당연히 외로울 수밖에 없습니다.

몸에 큰 문제가 없는 한 여성은 나이를 먹을수록 섹스가 더 하고 싶어집니다. 느낄 것 더 느끼고, 알 것 더 아니까 더 하고 싶어지는 것이죠. 그런데 남편은 자기가 하고 싶을 때 하고, 자기가 하고 싶지 않을 때는 안 하면서 여성의 감정을 무시합니다.

여성으로서는 섹스하고 싶은데 먼저 말하자니 자존심이 상합니다. 그래서 그냥 참고 삽니다. 그러면서 여기저기 아프기 시작합니다. 여성의 병 가운데 특별한 원인이 없는 것은 남편과 섹스를 원활하게 하지 못해서인 경우가 대부분입니다. 이곳저곳 검사해 보아도 '신경성'이란 이야기만 듣는 경우가 여기에 해당합니다.

괜히 필요 없는 보약을 지어 먹고, 건강식품을 사 먹고, 병원을 이곳저곳 다니고, 쇼핑에 빠지고, 친구들과 모여 수다를 떨어보지만 어떤 것으로도 채워지지 않습니다. 그런 경우 섹스가 특효약인데, 이 사실을 남편도 모르고 아내도 모릅니다.

우리가 알아야 할 남성 심리가 있습니다. 남성은 이미 잡은 사냥감은 거들떠보지 않는다는 것입니다. 원시시대 남성들은 온종일 사냥을 해서 잡은 먹이로 가족을 먹여 살렸습니다. 잡은 사냥감은 집에 가져다 놓으면 더는 신경 쓸 필요가 없었습니다. 사냥감이 달아나는 일은 절대 없었으니까요.

마찬가지로 아내가 달아나는 일도 없었습니다. 원시시대부터 19세기까지 생존능력이 떨어졌던 여성들은 죽으나 사나 남편에게 의지해 살아야 했으니까요. 그 습관이 유전자에 남아 지금도 남성들은 한번 잡은 사냥감은 잘 보살피지 않는 것입니다.

원 포인트 레슨

그럼 원시시대가 아닌 현대를 사는 여성들은 어떻게 해야 할까요? 이미 잡힌 사냥감이 아니라 새로운 사냥감처럼 항상 남성에게 새로운 욕구를 불러일으키는 존재가 돼야 합니다.

09 곰이 아닌 여우가 되자

학창 시절에 제가 싫어하는 부류가 있었습니다. 호박씨 까는 애들이죠. 겉으론 얌전한 척하면서 뒤로는 딴짓하는 애들, 즉 겉과 속이 다른 애들을 호박씨 깐다고 하잖아요.

그런데 그런 아이들이 괜찮은 남성과 결혼해 편하게 사는 것을 종종 보게 됩니다. 연약한 척하면서 남편의 사랑과 보호를 받으며 잘 사는 것이죠. 나이가 드니까 솔직히 그들 팔자가 부럽기도 합니다. 여우 같은 여성은 사랑받으면서 잘 사는데, 곰이나 호랑이 같은 여성은 사랑받지 못하고 사는 경우가 많기 때문입니다. "미련한 곰보다 영리한 여우가 더 낫다"는 옛말 그대로입니다.

제 병원을 찾는 환자 중에도 곰과 여우들이 있습니다. 특히 꼬리 99개 달린 여우도 있죠. 질건조증으로 질 레이저 치료를 받은 여성이 있었는데, 한 달 후에 결과가 어땠는지 물으니 대답이 걸작이었습니다.

"저는 잘 모르겠는데, 남편이 '자기 요즘 케겔운동해?' 하고 물어요. '전보다 질도 좁아진 것 같고 잘 조이는 느낌'이라나. 그래서 제가 '당신이 요즘 열심히 운동하더니 힘이 좋아져서 그렇게 느껴지나 보다. 자기 멋져!'라고 했죠. 호호.”

그녀는 남편에게 질 레이저 시술 얘기는 일절 하지 않고 남편이 잘해서 섹스가 좋아진 것처럼 행동한 것입니다. 남편의 칭찬에 오히려 남편을 치켜세우는 그 재치에 혀를 내두를 수밖에 없었습니다.

보통의 여성들은 곰처럼 사는 것이 의리 있고 정직하다고 생각합니다. 하지만 결과적으로 보면 남녀 사이에 곰 같은 행동은 하나도 도움이 되지 않는 것 같습니다.

생각해 보세요. 남성들은 결혼할 때 백이면 백 “아내가 착해서 선택했다”고 말합니다. 그런데 착한 부인을 두고 악녀에게 눈을 떼지 못합니다. 자신을 파멸로 이끌 수도 있는데도요.

이유가 뭘까요. 영국의 작가 오스카 와일드가 말했습니다. “착한 여자는 남자를 지루하게 만들고, 악녀는 남자를 고민하게 만든다”고.

원 포인트 레슨

태어날 때 가난한 것은 내 탓이 아니지만, 나이 들어서 가난한 것은 내 탓이라고 합니다. 마찬가지입니다. 나이 들어 주위에 사람이 없거나, 배우자가 내 옆에 없다면 그것은 내 탓입니다. 다만 그 원인을 모르거나, 이유를 알아도 안 고치기 때문입니다.

10   성에 대한 보수성을 깨자

산부인과 진료를 하다 보면 성과 관련한 다양한 고민을 듣게 됩니다. 자주 듣는 이야기 가운데 하나가 "남편이 이상한 걸 하자고 한다"며 "혹시 변태가 아니냐"고 묻는 경우입니다. "지극히 정상적이니까 걱정할 것 없다"고 안심을 시키지만, 고개를 갸웃하며 수긍할 수 없다는 표정을 짓는 경우가 많습니다.

서로 사랑하는 부부 사이에 '이상한 것'이란 없습니다. 서로에게 맞지 않는 스타일, 선호하지 않는 스타일이 있을 뿐입니다.

체위만 해도 그렇습니다. 현대인이 시도할 수 있는 모든 체위는 이미 수천 년 전부터 존재해 왔습니다. 인도의 『카마수트라』나 중국의 『소녀경』에 나와 있거나 거기에서 약간 변형된 형태들입니다. 그때보다 훨씬 개방된 사회를 살면서 '해괴망측'하다고 터부시하는 건 말도 안 되는 이야기입니다.

섹스하는 이유는 즐겁기 위해서입니다. 즐거움의 절정은 오르가슴이죠. 남성은 '사정'이 곧 '오르가슴'이기 때문에 첫 경험 때부터 곧

바로 쾌감을 느낄 수 있지만, 여성은 대부분 경험이 쌓이면서 쾌감을 알아가게 됩니다. 첫 오르가슴을 경험하는 시기도 다양해서 첫 경험 때 느끼는 경우가 있는가 하면, 평생 느끼지 못하는 경우도 있습니다.

이런 차이가 생기는 것은 기질적 원인도 있겠지만 섹스에 지나치게 보수적인 것도 원인이 될 수 있습니다. 섹스에 대한 마음의 장애물이 있다면 제거해야 합니다. 지금까지 가져온 섹스에 대한 생각과 행동을 돌아보세요. 혹시 너무 도덕성을 강조하며 살아온 것은 아닌지, 그로 인해 섹스하면서 느끼는 즐거움을 표현하지 못하면서 지내온 것은 아닌지 말입니다.

성은 부끄러운 것, 비밀스러운 것이 아닙니다. 오히려 자신과 배우자의 몸과 마음을 알고 사랑하는 과정이며, 둘이 함께 즐거움을 찾아가는 행복한 여정입니다. 성에 대한 편견이 가져올 부부 생활의 결말은 뻔합니다.

성에 대한 개념부터 바꿔야 합니다. 성이 무엇인지, 왜 중요한지를 깨닫고 테크닉도 배워야 합니다. 언제까지 잠자리에서 요조숙녀처럼 얌전히 누워만 있을 건가요.

물론 처음엔 성적 부분을 표현하는 게 어려울 수 있습니다. 특히 상대에게 내가 원하는 것을 알리기란 결코 쉬운 일이 아닙니다. 하지만 섹스와 관련한 욕구는 상대와 더 친밀해지고 싶은 마음의 산물입니다. 섹스와 관련된 부끄러움을 극복할 때 더 나은 삶이 펼쳐집니다.

더 나은 삶을 위해서는, 당신의 성감을 향상하고 오르가슴을 느껴야 합니다. 그러기 위해서는 과감해져야 합니다. 그렇게 해서 자유롭게 섹스를 즐겨야 합니다.

오르가슴을 얻기 위한 노력은 남성의 몫이 아니라 여성이 주도해야 하는, 지극히 당연한 권리입니다.

원 포인트 레슨

공부를 잘하고 돈을 잘 버는 것처럼 섹스를 잘하는 것도 중요합니다. 다른 것과 마찬가지로 섹스를 잘하려면 많은 노력과 에너지를 쏟아부어야 합니다.

11   성적 자존감을 높이자

남편이 잠자리에 시큰둥하거나 섹스를 해도 예전처럼 즐거운 표정이 느껴지지 않으면 '내가 섹스에 무능한 걸까', '이제 여자로서 매력이 사라진 걸까' 하는 생각이 들어 성적 자존감이 떨어질 수 있습니다.

물론 '자존심'이 상할 수는 있지만, 그렇다고 해서 '자존감'을 잃을 필요는 없습니다.

자존심과 자존감은 차이가 있습니다. 자존심은 남이 나를 존중해 주기를 바라는 감정입니다. 남이 나를 인정해 주지 않는다고 느껴지면 마음이 상할 수는 있지만, 신경 쓰지 않으면 그뿐입니다.

반면, 자존감은 내가 나를 존중하는 감정입니다. 남이 뭐라 하든 내가 나를 존중하고 나를 높게 평가한다면 자존감이 떨어질 일은 없습니다. 하지만 자존감을 잃게 되면 자존심이 상하는 것과는 비교할 수 없을 만큼 마음에 큰 상처가 생깁니다.

성적 자존감은 자신의 성에 대한 능력을 긍정적으로 생각하고 존중하는 마음에서 출발합니다. 사람의 몸은 대부분 형태적으로나 기능적으로 성 능력에 큰 문제가 있을 가능성은 별로 없습니다. 자존감을 잃을 이유가 없는 것이죠. 따라서 성적 자존감이 낮다면 마음의 소산일 가능성이 큽니다. 부정적 생각이 자존감을 낮아지게 만든 것일 수 있습니다.

성적 자존감은 성생활뿐 아니라 인생을 자신 있게 살아가는 데도 중요한 요소가 됩니다. 따라서 성적 자존감이 떨어져 있다면 상처받은 마음을 치료하고 회복하는 게 중요합니다.

모든 사람에게는 각자의 장점과 재능이 있습니다. 작은 것이라도 자신의 장점을 인정해 주고 칭찬하는 습관을 기르는 것이 필요합니다. 그러기 위해서는 매일 거울 보는 습관을 들이세요.

알몸 상태에서 거울을 보며 자신을 찬찬히 살펴보세요. 얼굴부터 가슴은 물론 자신의 음부를 세밀히 살피면서 예쁜 점을 찾고, 자기 몸을 사랑하는 시간을 가지길 바랍니다.

거울을 볼 때마다 의식적으로 "가슴이 왜 이렇게 예쁘니" "소음순이 꽃처럼 아름답구나"와 같은, 자신을 칭찬하는 말을 하는 게 좋습니다. 부끄럽고 거북하다고요? 괜찮아요. 혼자 있을 때 그렇게 말하는 건데 어때요. 그렇게 몇 달만 해보세요. 정말로 성적으로 괜찮은 내가 내 눈앞에 서 있게 될 테니까요. 성적 자존감이 높은 여성은 남성들 눈에도 섹시해 보이기 마련입니다. 당연히 남편 눈에도요.

낮아진 성적 자존감을 다른 것으로 감추려 하거나, 대리 보상을 받으려는 사람들이 있습니다. 성형수술을 하거나 명품으로 자신의 몸을 치장한다고 해서, 친구들과 수다를 떨거나 쇼핑을 한다고 해서 성적 자존감이 올라가지는 않습니다. 특히 명품으로 자신의 성적 자존감을 가리려 하지 마세요. 오히려 가장 소중한 자신의 그곳을 명품으로 만드는 게 궁극적 해결책입니다.

　필요하면 전문가의 도움을 받아보는 것도 방법입니다. 전문가들은 상담을 통해 성적 자존감이 낮아진 원인을 찾아주고, 이를 해결할 방법도 제시해 줄 것입니다.

원 포인트 레슨

　성적 자존감이 높은 여성은 모든 면에서 자신감이 있고 당당합니다. 성적 자존감을 높이는 가장 좋은 방법은 파트너에게 칭찬받거나 사랑받는 것입니다. 그러니 상대방에게 사랑받을 방법을 찾아보세요. 성적으로 노력하면 가능합니다.

12 클로이처럼

제가 인상 깊게 본 영화 중에 〈클로이(Chloe)〉(2009)란 작품이 있는데요. 영화의 줄거리는 이렇습니다.

산부인과 여의사인 캐서린은 음대 교수인 남편 데이비드의 60세 생일을 축하하기 위해 남편 모르게 깜짝 생일 파티를 준비합니다. 하지만 환갑이라는 나이를 축하받는 것이 불편했던 데이비드는 다른 도시에서 강의가 끝난 뒤 일부러 비행기를 놓칩니다. 그렇게 해서 생일 파티는 주인공이 없는 상태로 썰렁하게 끝이 나고 맙니다.

캐서린은 자신이 정성껏 준비한 생일 파티에 남편이 참석하지 않은 것에 서운하고 화가 납니다. 더 어이가 없는 것은 남편이 사과도 하지 않고 평소처럼 행동하는 것이었습니다.

그런데 남편이 외박한 다음 날 이른 새벽에 남편 휴대전화에 찍힌 문자메시지를 본 캐서린은 남편이 어린 여학생과 바람이 난 것이 아닌지 의심합니다. 안 그래도 캐서린은 나이가 들면서 더는 여성으로서의 성적 매력이 없어진 것 같아 성적 자존감이 낮아진 상태였습니다.

고민하던 그녀는 남편의 바람기를 확인하기 위해 우연히 알게 된 성매매 여성 클로이에게 남편을 유혹해 달라고 부탁합니다.

클로이를 만나며 캐서린은 치명적으로 매력적이고, 어떤 남성이든 유혹할 수 있다는 자신감에 찬 그녀를 부러워합니다. 그래서 그 노하우를 묻습니다.

어떤 남성이든 단숨에 사로잡는 클로이의 노하우는 무엇일까요?

"저는 아주 사소한 거라도 상대의 장점을 찾으려고 노력해요. 미소가 예쁘다든지, 친절하거나, 부드럽거나, 말을 재미있게 한다거나, 따뜻하거나…. 누구나 사랑스러운 매력을 한두 가지는 가지고 있거든요."

"테크닉 못지않게 언제, 어떤 단어로 그에게 무슨 말을 하는지도 중요해요."

영화 〈클로이〉의 한 장면

"손, 입술과 다리, 심지어 내 생각을 어디쯤 놓을지, 얼마만큼 힘을 주며, 얼마 동안 지속할지, 그 사람이 좋아하는 기호를 파악해야 해요."

"나는 가슴 설레는 첫 키스 상대가 될 수도 있고, 음란한 포르노 여주인공이 될 수도 있어요. 지금 난 이 남자의 비서일 수도 있고, 애인일 수도 있고, 마음먹으면 이 남자의 살아 숨 쉬는 환상 속 여인이 돼줄 수도 있어요. 그 순간 나라는 존재는 완전히 사라져서 이 남자만을 위해서 존재하게 되는 거죠."

만약 다시 남편을 유혹하고 싶다면, 그래서 내 남자로 만들고 싶다면 당신도 클로이처럼 행동해 보길 권합니다.

1. 지금부터 남편의 장점을 찾으세요. 그리고 적절한 타이밍에 진심을 담아 그 장점을 칭찬하세요.
2. 남편의 기호를 파악하고, 남편이 원하는 행동을 하고, 남편이 싫어하는 행동은 하지 마세요.
3. 말과 행동을 매력적으로 해보세요.

 원 포인트 레슨

모든 여성이 클로이처럼 매일 자기 남자를 유혹하면서 살기를 바랍니다.

13 아프로디테의 '유혹의 기술'

아프로디테는 그리스 신화에 나오는 '미의 여신'입니다. 그녀의 유혹에 넘어가지 않은 신과 사람이 없었죠. 심지어 제우스도 유혹해 사랑을 속삭였으니까요.

남편 제우스가 아프로디테에게 빠져 있자 아내 헤라가 아프로디테를 찾아갑니다. 그런데 응징하기 위해서가 아니었습니다. 오히려 그녀에게 부탁합니다. 그 부탁은 남편을 돌려달라는 게 아니었어요. "신과 인간들을 유혹한 비결을 알려달라"는 것이었죠.

아프로디테가 헤라에게 알려준 비결은 금발의 미모도, 풍만한 육체도 아니었습니다. 남성을 유혹하기 위해서는 육체적 매력 이상의 기술이 필요하다며 '유혹의 기술'을 알려줍니다.

그녀가 알려준 유혹의 기술은 다섯 가지입니다.

첫 번째 섹스할 때 몸의 움직임과 자세에 관한 것이었습니다.

두 번째 노래와 춤과 화장술과 철저한 위생이었고,

세 번째 설득력 있는 언변,

네 번째 시를 짓거나 암송하는 능력이며,

다섯 번째 상대의 심리를 자극하는 기술을 구사하는 능력이었습니다.

아프로디테의 오래된 그리스 조각상 ©게티이미지뱅크

미국 맨해튼대 벳시 프리올뢰 교수는 5년에 걸친 연구를 통해 아프
로디테를 비롯한 역사상 최고의 유혹녀로 평가받는 여성들의 공통점

을 찾아냈습니다. 그가 펴낸 『유혹의 기술2 ; 세상을 매혹했던 여자들』
에 따르면 단순한 성적 노리개가 아니라 남성들을 쥐락펴락했던 세계
최고의 유혹녀들은 대부분 아름다운 용모와는 거리가 멀었습니다. 그
렇다고 섹시한 요부도 아니었으며, 예쁘게 치장한 채 집 안에 갇혀 지
내는 정숙한 여인은 더더욱 아니었습니다.

그녀들은 두 가지 유혹의 기술, 즉 물리적 기술과 심리적 기술을 잘
활용할 줄 알았습니다. 남성이 자신에게서 위로를 받았다 싶으면 다시
불안감을 느끼게 해주고, 상대에게 냉담했다가 다시 황홀경을 맛보게
해주고, 나를 친숙하게 느낀다 싶으면 거리감을 느끼게 하고, 강한 쾌
락을 주었다면 다시 고통을 안겨주는 등 팽팽한 성적 긴장을 유지할
줄 알았습니다. 남성들은 이런 '밀당'의 기술에 능한 유혹녀의 매력에
서 빠져나오지 못할 수밖에요.

프리올뢰 교수가 말한 '유혹의 기술'은 부부관계에도 적용됩니다.
유혹의 기술이 없으면 시간이 지나면서 사랑의 감정이 시들해지고 권
태가 찾아옵니다.

옛말에 얼굴 예쁜 건 한 달 가고, 돈 있는 건 1년 가지만 음식 잘하는
것과 밤일 잘하는 건 평생 간다는 말이 있습니다. 하지만 아무리 밤 기
술을 세련되게 구사한다고 해도 남성을 완전히 매료할 수는 없습니다.

남성을 평생 사로잡으려면 머리를 써야 합니다. 프리올뢰 교수가 말
한 것처럼 위안과 두려움, 침묵과 환희, 친밀감과 신비감, 쾌락과 고통
이라는 반대 감정을 끊임없이 교차시켜야 합니다. 상대의 감정을 능

수능란하게 다루는 심리적 기술을 구사해야 합니다.

여기에 더해 부부관계에서 주도권을 쥐어야 합니다.

남편이 모성애와 친밀감을 느끼게 해야 하는 것은 기본입니다. 그리고 남편의 말을 잘 들어주는 것도 필요합니다. 중요한 것은 내가 대화의 주도권을 쥐고 있어야 한다는 것입니다.

고분고분하고 순종적이기만 하면 안 됩니다. 남성들은 겉으로는 평화롭고 조화로운 관계를 원하지만 속으로는 새로운 것이나 자극적인 것을 원하기 때문입니다. 특히 시각적 자극에 반응을 보입니다. 치마 입은 여성을 보면 치마 속을 상상하고, 아이스크림 먹는 여성을 보면 오럴섹스를 상상하고, 가슴이 파인 옷을 보면 그 안에 있는 젖가슴을 상상하는 게 남성입니다.

그렇다고 벗은 모습에만 집착하는 것도 아닙니다. 대놓고 벗은 모습보다는 보일 듯 말 듯한 옷차림에 더 유혹을 느낍니다.

아니러니하게도 너무 뻔한 태도나 마음으로는 남성을 결코 오랫동안 유혹하지 못합니다. 그것은 쉽게 구할 수 있는 물건처럼 귀하게 느껴지지 않기 때문입니다. 오히려 줄 듯 말 듯한 여성의 태도가 남성을 감질나게 합니다. 어렵게 얻을수록 성취감을 느끼고, 계속해서 아끼고 귀하게 여기게 됩니다. 때로는 변덕스럽게 굴면서 적당한 고통과 괴로움을 안겨주어야 남성을 사로잡을 수 있습니다.

명품은 모든 사람이 모두 가질 수 없어서 명품입니다. 여성도 남성이 쉽게 취할 수 없다고 느낄 때 명품이 되는 것입니다. 남편을 쥐락펴락하고 '밀당'을 잘하면서 사는 게 필요합니다. 물론 때로는 기를 살려주는 센스도 필요하고요.

또한 활력이 넘쳐야 성적 매력을 풍길 수 있고, 남편의 욕정에 불을 지필 수 있습니다. 그리고 남편이 나를 통해 성적 자신감을 회복할 수 있도록 해야 합니다. 남성들은 자신의 성적 능력에 만족해하는 여성을 보며 성적 불안을 떨칠 수 있기 때문에 계속 매달리게 됩니다.

남편에게 캐도 캐도 새로운 보물이 나오는 금광 같은 존재가 돼야 합니다. 특히 잠자리에서는 남편의 상상력을 자극해야 합니다. 가끔은 일탈을 통해 남성이 그동안 억제해 오던 성적 욕구를 남김없이 발산하는 시간을 주는 것도 필요합니다. 물론 그 대상은 나 자신이어야 하겠죠.

원 포인트 레슨

유혹의 기술을 알면 원하는 사람도 얻고, 자신이 얻고 싶은 모든 걸 얻을 수 있습니다. 반대로 유혹의 기술을 모르면 자신의 남자나 여자도 뺏길 수 있습니다. 그러니까 열심히 유혹의 기술을 익혀야겠죠?

14 　　　　　　　　　　　성욕 갈등 협상의 지혜

　여기까지 읽으면서 남편과 관계를 개선할 의지와 욕구가 생겼다면 이제는 실천에 옮길 차례입니다. 그런데 마음만으로 실천에 옮기는 게 쉽지는 않죠. 성공적인 관계 개선을 위해서는 몇 가지 전략이 필요합니다.

　부부 성 갈등을 상담하러 오는 여성들에게 제가 꼭 물어보는 게 있습니다. "당신은 부부관계에서 자기주장이 강한 편인가요?"
　대부분 아니라고 대답합니다. 뭐든 남편과 상의해서 결정하는 편이라고 말합니다. 그러면 다시 단도직입으로 물어봅니다.
　"남편과 일주일에 몇 번 정도 섹스하세요?"
　"많으면 일주일에 한 번 정도요."
　"남편이 그걸로 만족하나요?"
　"남자니까 더 많이 하고 싶어 하죠. 그런데 질건조증이 있어서 저로서는 일주일에 한 번 하는 것도 고통이에요."
　"이유야 어쨌든 섹스 횟수에서는 남편 의견을 무시하고 있는 거네요."

"…. 생각하니 그렇네요."

대화가 대부분 이렇게 흘러갑니다.

성욕 차이로 인해 갈등을 겪는 경우, 대부분 성욕이 적은 사람이 성욕이 강한 사람의 의견을 받아들이지 않아서 문제가 생깁니다. 이 문제를 무시하면 안 됩니다. 성욕이 강한 쪽은 점점 불만이 쌓입니다. 이걸 가볍게 생각하다가는 가정의 평화가 깨질 수 있습니다. 필자에게 상담하러 온 많은 여성도 그랬습니다.

"일주일에 세 번은 하자고 하는데, 제 몸이 아프고 힘든데 어떻게 다 받아줘요. 밥 차려주는 것도 고마워하라면서 무시했죠."

"그런데 무슨 문제가 생겼나요?"

"남편이 바람났어요. 어떻게 해야 할지 모르겠어요."

남성은 일주일에 세 번은 하고 싶은데 아내는 일주일에 한 번만 하겠다고 고집을 부린다면 어떻게 될까요. 한 번으로 만족하지 못한 남성은 기회가 되면 나머지 두 번을 밖에서 해결하려 할 것입니다.

"그러니까 남편의 요구를 귀담아들었어야죠. 요구를 무조건 다 받아주라는 게 아니라 협상을 하라는 거예요. 예를 들어 남편이 세 번 원하는데 나는 한 번만 하고 싶다면, 남편도 양보하게 하고 나도 양보해서 두 번으로 합의를 보라는 거죠."

"네. 제 고집을 내려놓고 남편 의견도 받아들여야겠어요. 진작 그렇게 할 걸 그랬어요."

"늦지 않았어요. 노력하면 남편은 반드시 돌아와요"

냉정하게 생각해 봅시다. 그동안 우리 부부가 데면데면하며 지내온 것이 성욕 차이를 애써 외면해서는 아니었는지, 그래서 결과적으로 섹스리스가 된 것은 아니었는지를.

만약 두 사람 사이에 성욕의 차이가 있다면 오늘 밤 진솔하게 이야기를 해보세요. 남편이 원하는 게 무엇인지, 내가 바라는 것은 무엇인지, 그래서 어떻게 조율할 수 있는지를요.

피하려고만 하지 말고 대화를 통해 섹스 횟수를 합의하는 겁니다. 예를 들어 남편이 원하는 횟수가 일주일에 세 번이고, 내가 원하는 횟수가 한 번이라면 두 번쯤에서 합의를 보는 겁니다. 체력이 된다면 삽입 섹스를 두 번 하고, 나머지 한 번은 오럴섹스로 남편의 욕구를 채워주세요. 도저히 몸이 안 된다면 삽입 섹스는 한 번만 하는 대신 오럴섹스를 두 번 하는 것으로 합의해도 남편은 만족할 겁니다.

만약 당신이 성욕이 없거나 성교통이 있어서 안 했던 것이라면 산부인과를 찾아가 문제점을 해결하면 됩니다. 그것을 핑계로 자기를 합리화하다가 남편을 잃는 우를 범하지 않기를 바랍니다. 모든 문제는 노력하려는 마음과 행동만 있으면 해결할 수 있어요. 하룻밤에 만리장성도 쌓는 게 남녀 관계이니까요.

원 포인트 레슨

남녀 관계도 인간관계입니다. 사업을 하듯이 남녀 관계에도 협상과 조절이 필요합니다. 사업에서 협상이 안 된다면 어떻게 하나요? 서로 조금씩 양보하잖아요. 마찬가지입니다. 남녀 관계에서도 조금씩 양보하세요.

15   사랑의 타임 스케줄

성욕 갈등에 대한 협상이 잘 이뤄졌다면 이젠 그에 맞춰 잘하는 것이 중요합니다. 이를 위해서는 미리 '사랑의 타임 스케줄'을 세우는 게 좋아요. 그러지 않으면 자칫 사소한 일에도 순위가 밀려 부부만의 시간을 갖기가 힘들어지거든요.

다음 달 일정을 확인하며 가능한 날을 미리 정해 놓으세요. 날짜를 정할 때는 두 사람의 시간과 체력, 직장 여건, 자녀 일정 등을 고려해 정하는 게 좋겠죠. 예를 들어 일주일에 두 번으로 정했다면 한 번은 평일에, 한 번은 주말이나 공휴일이 좋을 거고요.

이렇게 일정을 미리 정해 놓으면 기대효과가 생깁니다. 아이들이 소풍날을 기다리는 것처럼 생활에 기분 좋은 이벤트가 생긴 것이니까요.

무엇보다 그날이 오면 전날 또는 당일 아침부터 벌써 기분이 좋아지고 흥분이 됩니다. 그러면 섹스할 때 전희가 조금 부족하더라도 여성은 이미 충분히 흥분되어 있어 애액이 많이 나오게 됩니다. 남성 역시 직장에서 일하다가도 밤일을 상상하는 것만으로도 발기가 될 수 있습니다.

또한 섹스할 때 무슨 이야기를 할지, 무슨 음식을 먹을지, 어떤 섹스를 할지 생각하다 보면 결혼 전 연애할 때 기분이 되살아나 부부 금실이 좋아지는 효과도 있습니다.

꼭 정해진 일정대로만 할 필요도 없어요. 가끔은 충동적으로 예정에 없던 섹스를 하고 싶을 때도 있으니까요. 비 오는 날이나 눈 오는 날, 월급날, 기분 좋은 날이나 우울한 날에 가끔 번개팅을 시도해 보세요.

화장대나 부부 침실에 인형 두 개를 놓고 자기 기분을 그 인형으로 표현하는 것도 좋아요. 기분이 좋으면 두 인형이 마주 보고 뽀뽀하게 하고, 기분이 언짢으면 서로 등을 돌려놓는 것이죠. 번개팅처럼 갑자기 하고 싶을 때는 두 인형의 다리를 교차해서 표현할 수도 있고요. 물론 남편이 그 인형의 의미를 알고 있어야겠죠?

원 포인트 레슨

사랑도 계획을 세워서 하세요. 그러면 연애하듯이 살 수 있습니다. 매너리즘에 빠지지 말고, 권태기에 빠져 허우적거리지 말고 항상 처음 만난 것처럼 살아보세요. 지루할 틈이 없을 겁니다.

16   남편을 위해 화장하세요

지금 자신을 돌아보세요. 직장에 출근할 때, 친구나 다른 사람을 만나러 갈 때, 하다못해 집 앞 마트에 갈 때도 화장하고 옷도 신경 써서 입고 나가지 않나요? 당신은 왜 화장을 하고, 옷을 차려입나요. 타인에게 성적 매력을 어필하기 위해서는 아니더라도 좋은 모습을 보이기 위해서입니다.

그런데 정작 집에서는 어떤가요. 눈곱도 떼지 않은 얼굴로 남편을 배웅하고, 남편이 퇴근해서 돌아올 때면 이미 화장이 다 지워진 민낯에 후줄근한 차림이겠죠. 남편이 늦게 들어오면 나와 보기는커녕 이미 잠들어 있지는 않나요?

이처럼 타인에게보다도 더 기본적 예의를 갖추지 않으면서 남편에게 나만 사랑해야 한다고 요구하는 게 합당한 걸까요. 그런 당신에게 남편이 섹시함을 느끼고 달려들 마음이 생길까요. 그러고도 남편이 밖에서 바람피우지 않을 거라고 장담할 수 있을까요. 내가 신경 안 쓰면 내 남편을 다른 여자가 채갈 수 있다고 생각하지 않으세요?

"우리가 남이가" 하면서 의형제처럼 살 것이 아니라면, "서로 뭘 하고 살든 상관하지 말자"며 그냥 한집에 동거하는 남남처럼 살 것이 아니라면, 섹스리스로 살다가 남편을 다른 여자에게 빼앗기고 싶지 않다면 내 남자를 유혹해야 합니다.

타인에게 최소한의 예의를 갖추기 위해 화장하고 옷을 차려입는다면, 남편을 위해서는 애인을 만나러 갈 때와 같은 마음으로 좀 더 섹시하고 좋은 인상을 주는 화장과 옷차림을 하고 있어야 합니다.

여성은 화장을 하느냐 안 하느냐, 옷을 신경 써서 입느냐 아니냐, 자기 관리를 하느냐 안 하느냐에 따라 느낌이 완전히 달라집니다. 생활고에 찌들어 지친 모습, 게으르게 퍼져 있는 모습에 성욕을 느낄 남성은 많지 않아요. 왕비처럼 대접받으려면 자신을 왕비처럼 꾸며야 하고, 남편의 유일한 섹스 파트너가 되고 싶으면 유혹녀처럼 자신을 꾸며야 합니다.

물론 실천하기가 쉽지는 않아요. 하지만 그 정도 노력도 안 하면서 멀어진 남편의 사랑을 되찾고, 즐거운 섹스를 하겠다는 것은 헛된 욕심일 뿐입니다. 이제 다른 사람들을 위해 화장을 하고 옷을 고르는 것보다도 더 신경 써서 남편을 위해 화장을 하고 옷을 골라야 합니다.

팁을 드리자면, 화장할 때 특히 신경 써야 할 부분이 바로 입술입니다. 입술은 성적인 이미지로 직결됩니다. 작고 도톰한 입술이 처녀의 성기를 연상케 하기 때문이죠. 실제 남성들이 가장 먼저 성욕을 느끼는 부위가 입술입니다. 여성이 입술을 핥거나 입술을 살짝 벌리고 있을 때 섹시하다고 느낍니다.

영화나 드라마에서 여성이 남성을 유혹할 때 촉촉하게 젖은 입술을 내미는 모습은 아주 익숙한 장면입니다. 야릇한 표정과 함께 내미는 붉은 입술을 외면할 남성은 거의 없습니다. 촉촉하게 젖은 도톰하고 붉은 입술을 보면 성적으로 흥분해 붉게 부풀어 오른 대음순을 상상하기 때문입니다.

원 포인트 레슨

"당신이 생각하는 성공은 무엇입니까?"라는 기자의 질문에 워런 버핏은 이렇게 대답했습니다. "제가 생각한 성공은 가족에게 사랑받고 존경받는 것입니다."
그중에서도 가장 가까운 가족은 남편과 아내가 아닐까요?

17 남편을 칭찬하세요

남녀가 처음 만났을 때는 자기와는 다른 점이 매력으로 느껴져 끌립니다. 하지만 살다 보면 바로 그 다른 점 때문에 갈등하게 되죠. 여기서 비극이 시작됩니다. 자신과 다른 부분에 대해 지적하다 보면 싸우게 되고 서로 상처를 주게 되죠.

지적하고 상처 주는 말이 이어지다 보면 자존심이 상하게 되고, 부부관계는 조금씩 균열이 생기기 시작합니다. 그러다 생각 없이 내뱉은 말 한마디 때문에 결정적으로 '평생 원수'가 되기도 합니다.

이런 경우 남성이든 여성이든 자신이 사랑받는다는 느낌을 못 받기 때문에 결핍감을 채우기 위해 계속 무언가를 찾게 됩니다. 남성의 경우 그게 다른 여성일 수도 있고, 술이나 도박일 수도 있어요. 만약 남편이 밖으로 돈다면 그것은 사랑이 충분히 채워지지 않았기 때문입니다.

반대로 말 한마디로 부부관계가 좋아질 수도 있고, 만리장성을 쌓을 수도 있어요.

여성이 남성에게 "우리 집에서 라면 먹고 갈래?"라고 말할 때, 그 말에 성적으로 흥분하지 않을 남성이 몇이나 될까요.

기분 좋은 말, 칭찬, 감사의 말을 들으면 부교감신경이 활성화됩니다. 부교감신경은 성적으로 흥분시키거나 성욕을 일으키는 역할을 합니다. 남성은 발기가 되고 여성은 애액이 나옵니다. 반대로 기분 나쁜 말, 화가 나는 말, 비난을 들으면 발기되었던 페니스가 쪼그라들고 애액이 말라버립니다. 그런 경우 성관계는 최악이 되죠.

그러니 화나는 일이 있더라도 남편을 다그치거나 잔소리하기보다는 칭찬하고 격려해 주세요.

예를 들어 남편이 술 마시고 밤에 늦게 들어왔을 때 "뭐 하느라 이렇게 늦게 들어와" "술이 그렇게 좋으면 술집에서 살아"라는 잔소리보다는 "고생했어. 온종일 힘들었지. 빨리 씻어. 꿀물 타줄게"라고 다독여주세요. 남편의 반응이 달라질 겁니다.

물론 사랑하는 사람끼리도 항상 좋은 말만 하고 살 수는 없습니다. 그래도 섹스할 때는 반드시 좋은 말만 해야 합니다. 섹스하기 직전에 굳이 상대가 듣기에 기분 나쁜 말을 하거나 아침에 싸웠던 일, 화났던 일을 다시 꺼내 마음 상하게 할 필요가 있을까요.

잠자리에서는 남성을 격려하고 칭찬하는 말이 필요합니다. 그러면 남성은 정말로 자신이 최고인 줄 알고 자신감이 강해집니다. 자신감이 넘치면 발기도 잘됩니다. 칭찬은 고래도 춤추게 한다잖아요. 칭찬은 말로 하는 스킨십입니다.

내가 먼저 칭찬하면 상대도 당연히 화답합니다. 내가 먼저 사랑을 주어야 나도 사랑을 받을 수 있습니다. '상대방이 나를 사랑할 때까지 나는 아무것도 주지 않을 거야!' 하고 생각하면 평생 사랑받을 수 없습니다. 먼저 상대를 인정하고, 먼저 칭찬하고, 먼저 사랑을 주세요.

원 포인트 레슨

칭찬은 고래도 춤추게 합니다. 그러니 남편도, 자식도, 주위 사람도 모두 칭찬하세요. 그러면 놀라운 결과가 나타납니다.

18 사라진 섹스어필 복구하기

그동안 성적으로 무심하게 살던 부부가 어느 날 갑자기 관계를 회복하기란 쉽지 않죠. '내가 꼬시면 넘어오겠지' 하고 단순하게 생각하고 야한 잠옷을 입고 침대에 올랐다가는 남편으로부터 "할망구가 노망났나"라는 핀잔을 들을 가능성이 농후합니다.

당신은 이 말을 듣고 '이제 여자로서의 생명은 끝난 것일까' 하고 자존감이 무너지는 기분이 들 수 있습니다. 절대 그렇지 않아요. 지금 당장 곱게 화장하고, 섹시하게 차려입고 길을 걷거나 술집에 혼자 앉아 술잔을 기울이고 있어보세요. 반드시 당신에게 접근하는 남성이 있을 테니까요. 마음에 드는 남성이 있으면 직접 유혹의 눈빛을 건네보세요. 그 남성은 당신의 유혹에 좋은 반응을 보일 겁니다.

그런데 왜 당신 남편은 당신의 유혹에 시큰둥한 걸까요? 성적 긴장감이 감퇴했기 때문이죠. 시들어버린 남편의 성욕에 활기를 불어넣으려면 어떻게 해야 할까요. 가장 완벽한 방법은 남편이 당신을 새로운 이성으로 바라보게 만드는 것입니다. 지루한 섹스 대상이 아니라 처음 섹스하는 파트너처럼 느끼게 하라는 것이죠.

물론 완벽하게 그렇게 하는 것은 불가능합니다. 가장 현실적인 방법은 지금 익숙한 집, 침실에서 벗어나는 것입니다. 그리고 지금까지의 익숙한 섹스 패턴에서 벗어나 새로운 체위, 새로운 스타일로 섹스를 하는 것입니다.

부부 사이에 잠자리가 소원해지는 원인 중에는 일상 공간과 성애 공간이 구분되지 못해서인 이유도 있습니다. 아무래도 안방은 부부 싸움이 벌어지는 공간이자 갖가지 시름과 걱정이 떠나지 않는 공간일 수밖에 없습니다. 분위기 잡고 누웠다가도 저절로 그런 감정과 생각이 떠오르면 섹스에 대한 집중력이 떨어질 수밖에요.

아이가 있거나 부모님과 함께 산다면 더욱 심각합니다. 신음이 방문 밖으로 새어나가지 않을까 신경이 쓰이고, 밖에서 인기척이라도 나면 한창 달아오르던 쾌감이 확 사라집니다. 그저 빨리 끝내야겠다는 생각만 들죠. 이런 여건이 성생활 만족도를 떨어뜨리고 권태기를 만들었을 수도 있습니다.

이럴 땐 함께 여행을 가는 등 섹스 공간과 환경에 변화를 주는 것도 방법입니다. 처음 섹스를 나눈 장소를 찾아 그때와 똑같은 방법으로 섹스하는 방법도 좋습니다. 연애 시절의 뜨겁던 감정이 되살아날 테니까요.

멀리 갈 수 없다면 호텔이나 모텔을 추천합니다. 그곳에서 하는 섹스가 얼마나 짜릿한지는 다들 경험이 있을 겁니다. 다른 사람의 방해를 받을 일도 없고, 소리도 마음대로 지를 수 있으니까요.

게다가 TV를 켜면 진한 에로영화가 나옵니다. 같이 보면서 거기서 하는 체위들을 따라 해보세요. 부끄럽게 생각지 말고요. 정 어색하면 술 한잔 같이 마시면서 해도 좋습니다. 그때 당신을 바라보는 남편의 눈빛은 분명 어젯밤 지친 얼굴로 현관문을 들어서던 그 눈빛이 아닐 겁니다.

시체처럼 누워만 있지 말고 자신의 가슴과 유두 등 성감대를 어루만져 보세요. 남성은 여성이 자위하듯 자신의 몸을 어루만지는 것을 보면 강한 자극을 받습니다. 물론 남편이 보는 앞에서 자기 몸을 애무한다는 게 말처럼 쉬운 일은 아닙니다. 그러나 일단 시작하면 이내 익숙해집니다.

발가락은 남녀를 불문하고 의외로 강렬한 성감대입니다. 남편의 발가락을 애무해 주면 그 느낌이 아주 특별할 겁니다. 남편에게 해달라고 하는 것도 좋고요. 성기나 발가락이 더럽다는 선입견을 버리면 섹스의 질이 달라집니다.

부드러운 스카프나 화장용 브러시를 이용해 남편의 전신을 부드럽게 쓸어주세요. 남편에게 해달라고도 하고요. 손이나 입으로 자극할 때와는 전혀 다른 느낌이 온몸에서 느껴질 것입니다.

성감대에 생크림이나 초콜릿, 시럽, 딸기잼을 바른 뒤 핥아먹는 것도 좋아요. 성기 부위뿐만 아니라 유두에 발라도 아주 큰 자극이 올 겁니다.

장난감을 몇 가지 준비해도 좋아요. 바이브레이터로 클리토리스를 자극해 달라고 부탁하세요. 아니면 남편이 보는 가운데 바이브레이터를 이용해 자위하는 것도 좋습니다. 남편은 그 모습을 보며 몇 배는 더 흥분할 겁니다. 만약 남편이 클리토리스를 애무해 주지 않으면 움프

크림이나 라피크젤을 발라서 마사지해 보세요.

권태기에는 깜짝쇼가 필요합니다. 평소 변태적 행위라고 생각하던 것들도 눈 딱 감고 시도해 보세요.

호텔이나 모텔에 도착하면 꼭 해야 할 일이 있습니다. 휴대전화 전원을 끄는 것입니다. 이날만큼은 아이들이나 집안일은 다 잊으세요. 당신이 신경 쓰지 않아도 지구는 잘 돌아가고, 집안에선 아무 문제도 발생하지 않으니까요.

한 걸음 더 나가 카섹스도 해보고, 야외에서도 섹스를 해보세요. 실내에서 할 때와는 비교도 안 될 정도로 강한 희열이 느껴질 것입니다. 우리는 그동안 섹스는 남이 볼 수 없는 안전한 곳에서 해야 한다고 교육받아 왔습니다. 차나 야외는 이런 규정을 깨는 곳이죠.

일탈이 주는 스릴감, 남들 눈에 띌지도 모른다는 긴장과 불안감, 여기에 지나가는 차 소리나 발걸음 소리, 인기척 등으로 인해 오감이 더욱 민감해지면서 성감이 고조됩니다. 한 번도 안 해본 사람은 있어도 한 번만 해본 사람은 없다는 말을 실감하게 될 겁니다.

원 포인트 레슨

지금까지의 익숙한 섹스 패턴을 바꾸세요. 그렇게 해서 그동안 잠들어 있던 남편의 쾌락 욕구를 일깨우세요.

19   내 섹스 스타일에 맞는 섹스를

세상 사람들이 모두 다르게 생겼듯이 섹스 스타일도 모두 다릅니다. 각자의 개성과 습관이 다르고, 섹스에 대한 생각도 저마다 다르니까요. 자신의 스타일을 먼저 파악한 뒤 거기에 맞는 섹스 기술을 습득한다면 좀 더 윤택한 성생활을 만들어갈 수 있습니다.

일찍 삽입하는 게 싫다면

남성에게 섹스의 궁극적 목표는 삽입과 사정입니다. 그 목표를 이루면 세상을 정복한 표정으로 잠들기 일쑤입니다. 그러나 여성들은 삽입보다는 애무를 더 좋아합니다. 여성은 삽입 자체만으로는 오르가슴을 충분히 느낄 수 없으니까요. 일찍 삽입하는 게 싫다면 남편에게 전희를 충분히 즐기자고 제안하세요. 자신의 성감대가 어디인지 남편에게 얘기해 주는 것도 방법입니다. 섹스에도 남녀평등이 존재합니다. 그동안 여성들이 너무나 소극적으로 행동해 왔기에 남성들에게 배려라는 미덕이 사라진 것입니다.

성욕이 강하다면

여성들은 자신이 '밝히는 여자'로 비칠까 봐 남편에게조차 성욕을 숨기는 경우가 많습니다. 성욕이 왕성한 걸 부끄러워할 필요는 없습니다. 왕성한 성욕을 참는 것은 정신건강에도 좋지 않아요. 이때는 자위도 한 방법입니다. 자위에 대한 부정적 생각을 버리면 오히려 남편과 섹스하는 것과는 다른 특별한 만족감을 느낄 수 있습니다. 자위하면서 남편과 섹스하는 느낌을 떠올리면 더 편안하게 즐길 수 있습니다.

느낌이 늦게 온다면

아내의 느낌이나 기분에 맞춰 섹스하는 남편은 그다지 많지 않은 게 현실입니다. 자기 성욕을 푸는 데 만족하거나, 마치 숙제하듯이 하는 경우가 많거든요. 느낌이 늦게 오는 여성이라면 미리 스스로를 흥분시키는 것도 방법입니다. 침실에 들어가기 전부터 섹스에 대해 상상하고, 에로틱한 영화를 보세요. 이렇게 예열을 해놓으면 작은 자극에도 금세 성욕을 느낄 수 있습니다.

섹스를 주도하고 싶다면

섹스는 남성이 주도하는 경우가 많습니다. 내가 섹스를 이끌어 만족감을 느끼고 싶은데 섣불리 주도했다가 남편으로부터 "어디서 배워왔냐", "딴 남자 생겼냐"는 오해를 받지 않을까 걱정이 되기도 합니다. 섹스를 주도하고 싶다면 남편이 눈치채지 않도록 자연스럽게 하는 게 좋습니다. 예를 들어 여성이 섹스를 주도하는 영화를 함께 보면서 '저렇게 하면 어떤 기분이 들까' 하고 화제로 올려보세요. 그러면서 번갈아가며 섹스의 리더가 되고, 리더가 원하는 것은 다 들어주자고 제안하는 거예요. 싫다고 할 남성은 거의 없을 겁니다. 이렇게 해서 내가 리더가 되었을 때 하고 싶었던 섹스 스타일을 과감히 시도하는 겁니다. 이렇게 서로 섹스 주도권을 주고받으면 상대방이 무엇을 원하는지 쉽게 알 수 있습니다.

원 포인트 레슨

나를 알고 상대를 알아야 백전백승합니다. 나의 섹스 스타일, 상대가 좋아하는 섹스 스타일을 파악해야 서로 즐거운 섹스가 가능해집니다.

20   남성의 성적 환상

어느 날, 진료시간 전부터 저를 기다리는 환자가 있었습니다. 전부터 언니 동생 하며 친하게 지내는 사이라 스스럼없이 진찰실로 들어오더니 뜬금없이 남편 욕을 하더군요.

"이놈의 영감이 뭔 이상한 걸 가지고 와서 고추에 끼우고 하려고 하는 거예요. 내가 하지 말라고 했는데도 기어코 끼우고 하더니, 그게 빠져서 나오질 않아요. 어쩜 좋아요."

환자 앞에서 이러면 안 되는 줄 알지만 절로 웃음이 빵 터졌습니다. 그녀도 계면쩍은 듯 같이 웃더군요.

"그이에게 이상한 짓 좀 그만하라고 언니가 따끔하게 이야기 좀 해줘요. 내 말은 아예 듣지를 않아요."

그녀의 질 안에서 링을 꺼내주며 말했습니다.

"남자의 호기심은 무죄야. 오히려 그런 호기심이 성생활에 활력이 되고, 부부관계를 더 좋게 해줘. 그러니 뭐라 할 게 아니라 오히려 칭찬해 줘야 할 일이지. 그런 남편을 둔 게 얼마나 행복한 건데."

질 안에 들어간 이물질은 방치하면 문제가 생길 수 있지만, 곧바로 병원을 찾아 제거하면 별문제가 없습니다. 이런 일이 산부인과에서는 간간이 있습니다.

남성은 왜 새로운 것을 하고 싶어 하고, 여성은 그걸 거부하는 걸까요? 여성은 정말로 몸과 마음이 거부하는 걸까요? 꼭 그렇지는 않을 것입니다.

세대를 불문하고 여성은 남성보다 성에 소극적입니다. 그렇게 교육을 받았고, 그런 사회 분위기에서 자유로울 수 없기 때문이죠. 지금도 드라마를 보면 섹스에 적극적인 여성 캐릭터는 악녀로 그려지고, 남성의 사랑을 차지하는 여주인공은 섹스할 때 부끄러워하는 캐릭터로 그려집니다. 정숙한 여성이 남성의 사랑을 받는다는 것이죠.

그런데 현실은 어떤가요. 아내가 남편의 새로운 섹스 방법을 거부하면 남편의 반응은 대부분 둘 중 하나입니다. 호기심을 포기한 채 부부 성생활을 유지하다 점점 흥미를 잃어 섹스리스가 되거나, 아니면 밖에서 다른 여성에게 호기심을 표출하게 되는 거죠. 둘 다 아내에게는 비극적 결말입니다.

날마다 같은 파트너에, 같은 체위로, 같은 장소에서 섹스하면 당연히 재미가 사라집니다. 그럴 때 뭐 좀 재미있는 게 없을까 하면서 새로운 것을 찾는 남성의 호기심은 칭찬받아 마땅합니다. 만약 지금까지 남편의 호기심을 짓눌러 왔다면 지금부터라도 호기심을 북돋워 주어야 합니다.

호기심 많은 아이가 그 분야에서 성공하고 대가가 됩니다. 당연히 섹스에 대해 호기심이 많아야 섹스의 대가가 될 수 있겠죠. 섹스의 대가를 남편으로 둔다면 앞으로 죽을 때까지 성에 대해 고민할 일이 없고, 오르가슴을 느끼며 살 수 있으니 얼마나 축복인가요.

남성이 열이면 열 모두 자신을 유혹하는 여성에게 넘어가는 이유도 결국은 호기심 때문입니다. '저 여성은 어떤 맛일까?' 궁금한 것이죠. 맛이 있으면 있는 대로, 없으면 없는 대로 맛보고 싶은 게 남성들의 호기심입니다. 그 호기심을 다른 여성에게 발동하지 않을까 걱정하기보다 나에게 사용하도록 만들어야 합니다.

남성은 '남자가 섹스를 주도해야 한다'는 강박관념을 갖고 있으면서도, 실제로는 여성이 적극적으로 섹스를 주도해 주기를 바랍니다. 유혹당하기를 갈망하는 것이죠. 또한 포르노처럼 여러 가지 체위를 하며 여성이 교성을 내지르는 섹스를 꿈꾸기도 합니다.

그런데 아내가 너무 점잖아서 절대로 그렇게 하지 않는다면 어떻게 할까요? '재미없다'고 생각할 것이고, 상상 속 섹스를 갈망하다 밖으로 눈을 돌릴 수도 있습니다. 그런 비극을 방지하기 위해서라도 이제는 내숭 따위는 접고 용기를 내시기 바랍니다.

원 포인트 레슨

여성의 약한 성욕 때문에 남성은 항상 괴로워합니다. 그리고 여성은 남성의 그런 행동을 "짐승 같다"고 말합니다. 그런데 그것은 남성이 건강하다는 의미입니다. 그러니 여성이 남성을 잘 이해해 주어야 합니다.

21   오감의 전희

지금까지의 섹스가 남성이 이끄는 대로, 혹은 본능이 이끄는 대로 하는 것이었다면 이제 그런 섹스는 그만할 때입니다. 섹스는 충동이 아니라 배워야 할 기술입니다. 이제부터 그 실전 기술을 하나하나 알려드리겠습니다. 우선 오감을 활용한 전희의 기술입니다.

● **시각**   일반적으로 남성은 시각에 예민합니다. 남편의 시각을 자극하기 위해서는 지금보다 좀 더 과감한 행동을 시도하는 것도 좋습니다.

평소에도 펑퍼짐한 옷보다는 가슴골이 파진 옷, 옆 라인이 터진 긴 치마나 무릎 위까지 올라오는 짧은 치마, 몸매가 드러나거나 속살이 보이는 옷을 입으세요. 특히 부부관계를 할 때는 가슴에 눈길이 가는 걸 입는 게 좋습니다. 옷을 벗을 때도 스스로 벗기보다 남편이 벗기게 하는 것이 시각적으로 훨씬 더 자극을 줍니다.

함께 야한 비디오를 보는 것도 좋아요. 보면서 침대에 누워 남편을 천천히 만져주면 더욱 효과가 큽니다. 섹스하기 전 자위하는 모습을 보여주는 것도 색다른 자극제가 될 수 있어요. 쑥스럽다고 주저하지 말고 시도해 보세요. 처음 하는 게 어렵지, 두 번째부터는 쉽습니다.

● **청각** 평소엔 수다를 잘 떨다가도 섹스할 때는 말을 안 하는 여성이 많습니다. 섹스하기 전이나 하는 동안 대화하는 게 중요합니다. 평소에 존댓말을 썼더라도 이때는 말을 놓아도 좋습니다. 섹스 중에 예의를 지키면 섹스의 맛이 줄어들거든요.

평소에는 사용하지 않는 욕이나 음담패설, "자기 고추 존나 맛있어" 같은 다소 거친 말을 하는 것도 좋습니다. 상대를 자극할 뿐 아니라 평소와는 다른, 남들은 알 수 없는 모습을 통해 두 사람 사이에 비밀이 생겨 정서적 공감대가 커지는 효과가 있습니다.

섹스 중에는 신음을 내는 걸 부끄러워하지 않아야 합니다. 신음은 상대를 자극하는 데 아주 효과가 좋을 뿐 아니라 서로 섹스의 호흡을 맞추는 역할을 합니다.

"지금 이렇게 하는 거 좋아?"라고 물어보는 것도 좋습니다. 솔직하게 대화해야 서로의 감정 상태를 알 수 있고, 섹스를 발전시킬 수 있습니다.

주의할 점은 상대의 성적 능력을 평가하는 말을 해서는 안 됩니다. 또한 "오늘 어땠어? 만족했어" 식의 노골적 질문보다는 "당신을 더 즐겁게 해주려면 내가 어떻게 하면 좋겠어?"라고 묻는 게 좋습니다.

● **후각** 우리가 아는 대표적인 동서양의 미인들에게는 자신만의 향이 있었습니다. 클레오파트라는 목욕은 물론 손을 씻을 때도 최음 성

분이 있는 재스민 향유를 사용했다고 합니다. 침실엔 장미꽃잎이 가득했고요. 양귀비는 향을 바르는 것도 모자라 향을 환약으로 만들어 먹었을 정도입니다. 섹스 심벌 매릴린 먼로는 잠잘 때 오직 샤넬 No.5만 입었다고 하죠.

장미, 재스민, 계피, 통후추, 일랑일랑 등의 향기는 성욕을 촉진한다고 알려져 있습니다. 성적 흥분을 일으키는 성호로몬인 페로몬을 이용한 향수도 있습니다. 하지만 후각을 상실할 정도의 강한 향수는 오히려 역효과를 낼 수 있습니다.

입과 성기, 몸에서 나쁜 냄새가 나면 섹스에 방해가 됩니다. 청결이 중요한 이유죠. 남성이 커닐링구스를 하려는데 냄새가 난다면 성욕이 싹 사라질 것입니다. 물론 일부러 안 닦는 사람은 없죠. 잘 보이지 않아서 모를 뿐이지. 손거울로 미리 체크해 피지가 보이면 젖은 화장솜으로 잘 닦아내고, 질에 손가락을 넣어 냄새를 맡아보세요. 생선 비린내가 나거나 비지 같은 냉이 묻어나온다면 질염 치료를 해야 합니다.

피부가 겹치는 부위는 냄새가 날 수 있습니다. 겨드랑이, 사타구니, 항문, 질 등을 잘 씻어야 합니다. 특히 항문을 잘 씻어야 합니다. 닦을 때도 서서 하기보다는 쭈그려 앉아서 닦는 것이 좋습니다.

● **촉각**　부모가 안고, 잡고, 어루만지고, 토닥이는 등의 살과 살이 맞닿는 행동(스킨십)을 통해 갓난아기는 안정감을 느끼고, 편안함과 행복감을 경험합니다. 그러면서 신뢰와 사랑의 감정을 키워갑니다.

스킨십만큼 강렬한 감정의 변화를 일으키는 행위도 드뭅니다. 특히 남성은 스킨십을 섹스와 연결해서 생각하는 경향이 있습니다. 아주 가벼운 스킨십으로도 남성에게 자신의 마음을 전달하거나 유혹할 수 있는 거죠. 그동안 서로 내외하던 부부라도 열심히 스킨십을 하면 다시 연애를 시작하는 연인처럼 될 수 있습니다. 평소에도 TV를 볼 때 팔짱을 끼거나 손을 잡고 보는 등 일상생활 속 스킨십을 늘리세요.

키스는 스킨십의 하이라이트입니다. 키스만 해도 애정전선이 확 달라집니다. 성의학자 킨제이에 따르면 여성은 입술 접촉이나 애무만으로도 자극을 받아 오르가슴에 오를 수 있다고 합니다.

문제는 부부가 오래 살다 보면 더는 그런 짜릿한 키스를 하지 않는다는 것입니다. 키스를 자주 하는 부부는 5년 이상 더 오래 살고, 부부 사이가 더 돈독해지고, 부부의 연봉이 더 높아진다는 보고도 있습니다. 돈이 안 드는 사랑 표현법이기도 합니다. 돈이 안 들면서 부부관계가 좋아지고, 수명도 늘어나고, 연봉도 올라가고, 오르가슴에 쉽게 오를 수 있다는데 키스를 안 하고 살 이유가 없지 않을까요.

원 포인트 레슨

인공지능(AI)으로 대체가 안 되는 것이 식욕과 성욕, 즉 음식과 섹스입니다. 그것은 모두 오감이 필요하기 때문입니다. 두 가지 모두 오감을 즐겁게 해주면서, 또한 오감을 활용해서 하는 것입니다. 그래서 더 맛있게 하고 싶다면 오감을 잘 활용하면 됩니다.

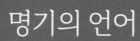

Part 2

명기의 언어

01   몸이 느끼는 섹스

남녀가 처음 만나 사랑에 빠지면 손끝만 닿아도 짜릿한 전율이 느껴집니다. 전희가 서툴러도 쉽게 달아오르고, 설령 오르가슴에 도달하지 못했더라도 사랑하는 사람과 하나가 되어 알몸을 비비는 것만으로도 황홀감에 빠집니다. 뇌가 흥분한 상태이기 때문이죠. 그래서 뇌과학자들은 "뇌는 가장 큰 성감대"라고 말합니다.

그런데 불행히도 사랑에는 유효기간이 있습니다. 시간이 지날수록 면역력이 생겨 대뇌에서 분비되는 도파민과 페닐에틸아민이 더는 만들어지지 않는 거죠. 사랑에 빠져 있을 때는 온몸이 성감대였는데 감각이 둔해지면서 점점 쉽게 흥분되지 않습니다. 섹스가 뭔가 부족한 느낌이 듭니다.

흔히 말하는 권태기에 들어선 것입니다. 이때가 되면 예전과 똑같은 방법으로 섹스를 해서는 웬만해선 성적으로 만족하기가 쉽지 않습니다. 이 문제를 해결하지 않으면 성적 갈등이 깊어질 수밖에 없어요.

그런데 많은 성 전문가나 성 상담가들이 제시하는 권태기 해결책을 보면 아쉽게도 '뇌에 의존한 섹스'에서 크게 벗어나 있지 않습니다. 예를 들면 침실 분위기를 새롭게 바꾸거나, 집이 아닌 호텔이나 모텔에서 섹스를 즐겨보라는 식이죠. 그렇게 해서 다시 뇌를 자극해 도파민과 페닐에틸아민 분비를 늘리라는 것인데요.

이렇게 하면 처음에는 새로운 분위기에 잠시 설레고 흥분이 될 수 있습니다. 하지만 반복하다 보면 역시 다시 시들해질 수밖에 없습니다. 더 강한 자극을 주지 않는 한 권태에서 벗어날 수 없게 되고, 그렇게 더 강한 자극을 찾다가 스와핑이나 외도로 이어지고, 결국 그게 문제가 되어 이혼의 파국을 맞을 수 있습니다.

권태기 없는 부부관계를 이어가려면 뇌에 의존한 본능적 섹스가 아닌 몸이 느끼는 섹스를 해야 합니다. 상대의 몸을 탐구하며 서로의 성감대를 알아가고, 성적 능력을 높여가야 합니다.

인체의 감각은 놀랍도록 예민합니다. 같은 부위를 애무하더라도 강하게 하느냐 약하게 하느냐, 오일을 바르고 하느냐 그냥 하느냐에 따라 느낌이 달라집니다. 이처럼 서로의 몸을 알아가는 과정은 아무리 해도 지루하지 않을 놀이입니다. 이를 통해 오르가슴에 이르는 것은 덤이고요. 섹스가 즐거워질 수밖에 없는 이유입니다.

원 포인트 레슨

권태기 초기라면 일부러 가슴 뛰는 상황을 만들어보는 것도 방법입니다. 함께 출렁다리를 건너거나, 놀이동산에서 롤러코스터를 타거나, 무서운 영화를 보는 것이죠. 교감신경을 자극하는, 가슴 뛰는 위기가 왔을 때 함께 그 위기를 넘기면 두 사람이 가까워진다는 것은 이미 과학적으로 증명되었습니다.

02   내 성기를 들여다보세요

 몸이 느끼는 섹스를 하기 위해서는 우선 자기 몸을 알아야 합니다. 지피지기면 백전백승이라고 했습니다. 먼저 내 몸을 알고, 상대의 몸을 알아야 즐거운 섹스가 가능해집니다.

 저에게 성 상담을 하는 환자들이 공통적으로 하는 이야기가 "행복하지 않다" "사랑받지 못하는 기분이 든다"입니다. 정말로 남편에게 사랑받지 못해서 그렇게 느낄 수도 있겠지만 충분히 사랑받는데도 이를 느끼지 못하거나, 성적 자존감이 낮아져서 그것을 느낄 여유가 없어서일 수도 있습니다.

 그런 환자들에게 "당신의 성기를 자세히 살펴본 적이 있느냐?"고 물으면 대부분 "없다"고 대답합니다.

 여성의 성기는 몸의 구조상 고개만 숙인다고 자세히 볼 수 있는 곳이 아니기도 하지만 대부분 "굳이 뭐 하러" "창피해서" 안 본다고 말합니다. 심지어 창피하다고 남편이 커닐링구스(오럴섹스)하는 것을 거부하기도 합니다.

성기는 제2의 얼굴이자, 섹스할 때 나를 상징하는 가장 중요한 부위입니다. 그런 성기를 나 자신도 부끄러워하고 외면하고 사랑해 주지 않으면서 남에게 사랑해 달라고 하는 것은 어불성설입니다.

내가 부끄러워하면 남도 그렇게 여기고 무시합니다. 더구나 자신도 정확하게 어디를 어떻게 자극해 주면 좋은지 모르면서 남이 알아서 즐겁게 해주길 바라는 건 헛된 욕심일 뿐입니다.

행복해지려면, 사랑받으려면 먼저 나 자신을 사랑해야 합니다. 자신을 사랑하기 위해서는 자신을 잘 알아야 합니다. 자신의 성기를 홀대하거나 관심 없어 하지 말고, 관심을 쏟고 사랑해야 합니다.

우리는 습관적으로 하루에도 몇 번씩 거울에 얼굴을 비춰봅니다. 그러면서 내 얼굴이 어떻게 생겼는지 머릿속에 각인이 되고, 어떻게 해야 자신이 가장 예뻐 보이는지도 알게 됩니다. 또한 얼굴에 부종이 있는지, 잡티나 기미가 생기지 않았는지, 여드름이나 상처가 있는지도 금방 알게 됩니다.

그런데 성기는 평생 한 번도 자세히 들여다보지 않는 경우가 대부분입니다. 이제부터라도 매일 자신의 성기를 보고 만지며 관심을 가져야 합니다. 자신의 성기를 사랑해야 합니다. 특히 '명기'가 되고 싶다면 더더욱 당장 손거울이나 전신 거울을 준비해 하루에 한 번 이상 구석구석 살펴봐야 합니다.

지금 당장 팬티를 벗고 거울 앞으로 바짝 다가가 한쪽 다리를 살짝 들어 올려보세요. 눈앞에 자신의 성기 모습이 적나라하게 드러날 것입니다. 부끄러워하지 마세요.

우선 자신의 성기 모양을 정확히 아는 게 중요합니다. 천천히 꼼꼼하게 살펴보세요. 예뻐 보이는지, 클리토리스는 어디에 있는지, 소음순의 색깔과 크기는 어떤지, 양쪽의 균형은 맞는지 등을 세심하게 살펴보세요.

또한 뾰로지가 생기지는 않았는지, 염증은 없는지, 부은 데는 없는지 살펴보세요. 그리고 질 안에 손을 넣어 냉이 이상하지 않은지, 냄새는 안 나는지, 질 안이 너무 건조하지는 않은지 확인해 보세요. 이렇게 체크해서 이상이 있으면 산부인과를 찾아가면 됩니다. 그렇게 하다 보면 자신의 성기에 관심이 가고 애정도 생길 것입니다.

성기를 관찰하는 일이 어느 정도 익숙해졌다면 이번엔 성기의 감각을 체크해 보세요.

소음순을 살짝 벌린 뒤 손가락으로 클리토리스도 자극해 보고, 질 속에 손을 넣어보면서 어디가 얼마만큼 예민한지 만져서 확인해 보세요.

특히 회음부, 대음순, 소음순, 클리토리스, 요도, 질 안을 자극해 보면 만지는 부위마다 느끼는 감도가 각각 다르다는 걸 알 수 있습니다. 이것을 파악하면 자신의 성감대(spot)를 알 수 있어요. 가장 예민한 클리토리스와 G스폿(G-spot)을 잘 문지르면 오르가슴에 쉽게 다다를 수 있고요.

자신의 성기에 익숙해지면 성에 대한 터부는 없어지고 섹스가 매일 밥을 먹고 대소변을 보는 것처럼 자연스럽고 건강한 일상이 될 수 있습니다. 성은 그렇게 건강하고 자연스러워야 합니다.

매일 자신의 성기를 보고 만지세요. 내 성기에 당당해지세요. 그게 당신이 행복해지는 길이고, 사랑받는 길입니다.

원 포인트 레슨

미인은 자신의 얼굴을 하루에 몇 번 볼까요? 아마 수도 없이 볼 것입니다. 그렇다면 명기가 되려면 내 성기를 하루에 몇 번 봐야 할까요? 피부미인이 되기 위해 세수도 잘하고 얼굴에 이것저것 바르듯이 성기에는 어떤 노력을 해야 할까요? 생각해 보면 답은 금방 나옵니다.

03   쾌락의 열쇠 '클리토리스'

그러면 이제부터 성감대를 찾는 연습을 하도록 하겠습니다.

여성의 성기에는 강력한 성감대가 여러 군데 존재합니다. 이곳을 정확히 파악해 적절한 강도와 속도로 시간을 들여서 자극하면 천국을 맛보게 되고, 남성도 덩달아 천국행 열차에 오르게 됩니다.

대표적 성감대가 요도 위에 있는, 작은 돌기 모양의 기관인 클리토리스입니다. 한자로는 '음핵', 순우리말로는 '공알'이라고 하죠. 클리토리스의 어원은 '열쇠'를 뜻하는 그리스어 '크레토스'입니다. 클리토리스가 여성의 쾌락을 여는 열쇠라는 것을 이미 고대 그리스인들은 알고 있었던 것이죠.

사실 클리토리스는 우리가 알고 있는 것보다 훨씬 큽니다. 우리 눈에 보이는 것은 포피와 귀두(음핵)뿐이지만 실제로는 몸통(체부)과 뿌리가 몸 안으로 치골까지 연결돼 있어서 사실상 남성의 페니스 크기만 합니다. 실제 페니스와 상동기관이기도 하고요. 최근에 와서 여성의 성감대가 클리토리스, 질, 요도, 근육, 신경 등 18개 부위의 음핵

복합체로 이루어졌으며, 그중에서 클리토리스가 가장 핵심이라는 것이 밝혀졌습니다.

포피는 귀두(음핵)의 일부 혹은 전체를 덮고 있으며 클리토리스를 보호하는 역할을 합니다. 또한 피지가 분비되어 성교 중에 마찰이 일어나도 귀두가 상하지 않도록 윤활 작용을 합니다.

우리가 흔히 클리토리스라고 부르는 귀두는 크기가 6~8mm 정도인데 신경 조직이 몰려 있습니다. 남성 페니스의 귀두에 있는 신경 말단

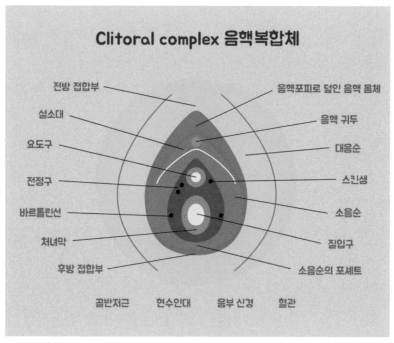

여성의 성감대는 18개 부위의 음핵복합체로 이루어졌으며, 클리토리스가 가장 핵심이다. ⓒ림팩스(홍승수)

조직이 4000개 정도인데 클리토리스 귀두엔 8000개가 넘습니다. 단위면적으로 치면 신경다발이 200배 더 밀집해 있어요. 그만큼 더 예민하다는 의미죠. 또한 해면체로 되어 있어 남성의 페니스처럼 발기하는데, 최대 3배까지 커집니다. 책에서는 편의상 귀두(음핵)를 클리토리스로 통용하겠습니다.

클리토리스는 여성마다 크기와 모양이 다르게 생겼습니다. 또한 어떤 여성은 부드럽게 자극할 때 반응이 오고, 어떤 여성은 강하게 자극할 때 반응이 오기도 합니다. 자극했을 때 반응이 오는 시간도 사람마다 차이가 있습니다. 하지만 클리토리스 오르가슴에 도달하면 10~30초간 질 근육이 3~16회 수축하면서 희열이 이어집니다. 남자가 사정할 때 음경이 수축하는 것을 떠올리면 여자의 클리토리스 오르가슴을 상상할 수 있을 것입니다.

대부분의 여성은 질 섹스만으로는 오르가슴을 느낄 수 없습니다. 오르가슴을 느끼기 위해서는 클리토리스를 자극해야 합니다. 일부 성 학자들이 "질 삽입을 통해 오르가슴을 느꼈다면 그것은 클리토리스의 내부 뿌리 부분을 자극해 도달했을 것"이라고 말할 정도입니다.

결론적으로 오르가슴을 가장 확실하게 느끼는 것은 클리토리스를 자극하는 것인데, 삽입 섹스에서는 클리토리스를 자극하기가 쉽지 않습니다. 많은 여성이 자위할 때는 오르가슴을 쉽게 느끼지만 삽입 섹스에서는 오르가슴을 느끼기 힘들다는 것이 그 증거입니다.

그 이유는 남성의 페니스와 여성의 클리토리스가 만나기 쉽지 않

때문입니다. 따라서 여성이 오르가슴을 위해 가장 먼저 해야 할 일은 자위를 통해 오르가슴에 오르는 것과 동일하게 남성과의 삽입 섹스에서 클리토리스를 자극하도록 만드는 것입니다.

그럼 클리토리스를 잘 자극하려면 어떻게 해야 할까요?

우선 클리토리스에 피가 몰려야 합니다. 페니스에 피가 몰려야 발기가 되듯이 클리토리스도 피가 몰려야 발기가 됩니다. 그러기 위해서는 우선 긴장을 풀어야겠죠. 부교감신경이 활발해야 클리토리스의 혈관들이 팽창할 수 있으니까요.

클리토리스에 피가 몰리게 하는 또 다른 방법은 남성처럼 시각적 자극을 주는 것입니다. 여성도 포르노나 자극적 장면을 보면 클리토리스가 발기합니다.

그리고 클리토리스에 직접적으로 자극을 주는 것입니다. 남성이 자위행위를 하기 위해 페니스를 마찰하는 것과 같은 이치입니다. 클리토리스를 직접 자극하는 방법은 여러 가지가 있습니다. 손으로, 혀로, 그리고 바이브레이터로 마찰할 수 있습니다.

삽입 섹스 도중에 클리토리스를 자극하는 방법은 상당한 기술이 필요합니다. 그 기술은 뒤에 체위에서 설명하겠습니다.

원 포인트 레슨

만약 성에 대한 지식을 한 가지만 알고 싶다면 그것은 클리토리스입니다. 클리토리스는 여성이 오르가슴에 오르는 데 가장 중요한 부위입니다. 그래서 클리토리스를 자극하지 않고 성관계를 하는 것은 남성만을 위한 섹스가 될 뿐입니다.

04 　　　　　　　　　　　　　오르가슴의 신천지 'G스폿'

　G스폿은 클리토리스와 더불어 여성이 가장 강력한 성적 쾌감을 느끼는 부위입니다. 과거엔 클리토리스를 자극하는 것이 여성이 오르가슴에 오르는 유일한 방법으로 여겨졌습니다. 그러다 1944년 독일 산부인과 의사 그라펜베르크에 의해 G스폿이 여성의 신체 가운데 가장 강렬한 성적 쾌감을 불러일으키는 부위라는 게 밝혀졌습니다.

　G스폿은 질의 4~5cm 안쪽, 요도의 뒤쪽에 있습니다. 쉽게 찾을 수 있는 것이 아니어서 처음엔 쪼그리고 앉은 자세에서 가운뎃손가락으로 질 입구에서부터 앞쪽 벽을 따라 아주 조금씩 더듬으며 가장 민감하게 반응하는 부위를 찾아야 합니다.

　그러다 보면 약간 튀어나온, 오돌토돌하게 느껴지는 지점이 있습니다. 계속 문질렀을 때 화장실에 가고 싶다는 느낌이 든다면 바로 그곳이 G스폿입니다. 살짝 튀어나온 부분이 평소에는 땅콩 크기이지만 자극을 받으면 호두 크기로 부풀어 오릅니다.

　G스폿은 클리토리스와 연결돼 있습니다. 클리토리스의 신경이 G스

폿을 통과하기 때문이죠. 그래서 G스폿 오르가슴을 인정하지 않는 학자들도 있습니다. 하지만 G스폿 오르가슴의 쾌감은 클리토리스 오르가슴보다 더 강렬합니다. 클리토리스 오르가슴은 짧고 강하지만, G스폿 오르가슴은 길고 아주 강렬합니다. 몸의 세포 하나하나가 모두 열리면서 힐링이 되는 느낌을 받기 때문에 한번 느끼면 절대 잊을 수 없을 정도입니다.

또한 절정에 이르면 남성이 사정하는 것처럼 우윳빛 액체가 뿜어져 나오기도 합니다. 여성 사정액이라고 하는데요. 이는 G스폿이 남성의 전립선과 상동기관이기 때문입니다.

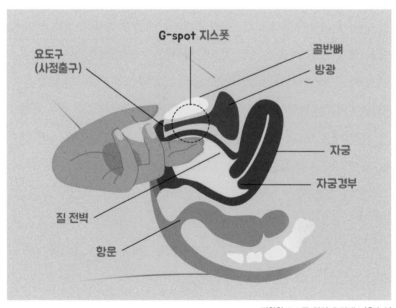

정확한 G스폿 위치 ⓒ림팩스(홍승수)

자위나 삽입 섹스로 G스폿을 자극할 때, 요의가 느껴져도 계속하는 것이 중요합니다. 요의가 느껴지는 것은 G스폿이 부풀어 오르면서 방광을 자극하기 때문입니다. 이때 멈추지 않고 계속 자극하면 G스폿 오르가즘에 도달하게 됩니다.

G스폿 오르가즘을 느끼는 게 쉽지는 않아요. 삽입 섹스보다는 손으로 자위하는 게, 자위보다는 남성이 손으로 해주는 게, 그리고 손보다는 G스폿용 바이브레이터로 직접 자극하는 것이 더 효과적입니다. G스폿을 자극하면서 클리토리스도 같이 자극하면 쾌감은 배가됩니다.

남성이 페니스로 G스폿을 자극하기 위해서는 페니스 귀두가 G스폿이 있는 질벽의 앞쪽 면을 충분히 마찰해야 합니다. 그렇게 하기 위해서는 후배위 자세에서 남성이 여성의 엉덩이 뒤쪽에서 아래쪽을 향해 삽입하는 방법이 좋습니다. 여성 상위에서는 여성이 남성과 완전히 밀착한 상태에서 골반을 앞뒤로 움직이면 G스폿이 페니스 귀두에 의해 자극을 받을 수 있습니다.

하지만 모든 남성의 페니스가 발기했을 때 위로 향하는 것은 아닙니다. 오른쪽이나 왼쪽으로 휜 경우도 있고, 휘는 각도도 사람마다 다릅니다. 따라서 G스폿을 가장 잘 자극할 수 있는 자신들의 체위를 찾는 게 중요합니다. 이 체위도 해보고 저 체위도 해보면서 두 사람에게 가장 맞는, G스폿과 클리토리스를 가장 잘 자극하는 체위를 찾는 노력이 필요합니다.

또한 G스폿 오르가즘을 느끼기 위해서는 어느 정도 운동이 필요합니다.

G스폿 오르가슴 강도는 골반 근육의 강도와 비례하기 때문입니다. 골반 근육이 약하면 오르가슴을 느끼기 힘들기 때문에 케겔운동으로 근육을 강화해야 합니다. 케겔운동은 아무리 강조해도 지나치지 않습니다. 의학이 발달하기 전부터 수많은 여성이 케겔운동으로 자신을 명기로 만들기 위해 피나는 노력을 했습니다.

G스폿 오르가슴을 여러 번 느끼는 것을 멀티오르가슴이라고 합니다. 이 정도가 되면 남성은 페니스로 전달되는 쾌감에 빠져 헤어나지 못하게 됩니다.

원 포인트 레슨

G스폿 오르가슴은 모든 여성이 느낄 수 있는 것은 아닙니다. 30% 정도의 여성은 G스폿 오르가슴을 느끼지 못한다는 통계도 있습니다. 클리토리스 오르가슴은 자위행위를 통해서도 쉽게 느낄 수 있지만, G스폿 오르가슴은 특별한 기술과 노력이 필요합니다. 그것도 제대로 된 노력이 필요합니다. 특히 기구를 이용한 케겔운동을 권합니다. 요즘 이케겔이라고 하는 작고 앙증맞지만 게임처럼 재미있게, 지루하지 않게 케겔운동을 하는 기구가 있으니 적극 활용해 보시기 바랍니다.

05   다양한 오르가슴 스폿들

U스폿

클리토리스와 질 입구 중간에 있는 요도(urethra)는 소변이 나오는 배설기관이지만 성감대이기도 합니다. 이걸 모르는 사람이 많아요. 특히 클리토리스 방향인 요도 위쪽과 소음순으로 이어지는 요도 양 옆이 예민한 곳입니다. 이 부위를 U스폿이라고 합니다. 거꾸로 된 U자 모양인 셈이죠.

U스폿은 민감하기 때문에 젖은 상태에서 부드럽게 만져야 합니다. 혀끝이나 윤활제를 충분히 바른 후 손가락, 페니스 귀두, 섹스토이 등으로 부드럽게 원을 그리며 자극하면 좋습니다. 거꾸로 된 U자 모양을 따라 왼쪽에서 오른쪽으로, 오른쪽에서 왼쪽으로 천천히 자극하면 좋습니다.

손으로 자극할 때는 손을 깨끗이 씻거나 손가락 콘돔을 끼는 등 청결에 유의해야 합니다. 진동기를 사용할 때에는 자극이 강한 끝보다는 진동기 옆으로 간접적으로 자극하는 게 좋고요.

U스폿은 촉촉하고 마찰이 적은 혀를 이용하는 게 가장 좋습니다. 자신의 혀로 할 수 없으니까 남성에게 해달라고 해야 하는데, 이때는 더 부드럽게 해달라고 하거나 더 옆을 해달라고 하는 등 자신의 느낌을 정확히 이야기해야 만족스러운 섹스가 될 수 있습니다. 요도 주위에 스킨샘(Skene's duct)이 있는데 이 부위에서 여성 사정액이 나옵니다. 그래서 스킨샘을 같이 자극하면 더 좋습니다.

U스폿은 클리토리스와 가까이 있기 때문에 동시에 자극할 수 있습니다. 한 손으로 클리토리스를 자극하면서 다른 손으로 U스폿을 자극할 수 있고, 남성이 클리토리스를 핥으면서 손가락으로 U스폿을 문지르거나 그 반대로 할 수도 있습니다. 두 부위를 같이 자극하면 오르가슴을 느낄 확률이 높아집니다.

U스폿을 애무한 후에는 반드시 깨끗한 물로 잘 씻어주어야 합니다. 그렇지 않으면 요로감염이 발생할 수 있어요.

A스폿

1990년대에 말레이시아의 한 의사가 발견한 성감대입니다. 질과 자궁경부가 연결되는, 질의 가장 깊은 곳에서 방광이 있는 방향입니다. 질원개(anterior fornix) 부위로, A스폿입니다. 이곳 질벽의 앞면을 자극하면 쾌감도가 높아지면서 질 속 윤활액 분비가 빠르게 촉진됩니다.

한때 '자궁섹스'라는 용어가 화제가 된 적이 있습니다. 하지만 페니스를 자궁 속까지 넣는 것은 의학적으로 불가능합니다. 자궁섹스는 질과 자궁경부가 만나는 부분, 즉 A스폿을 자극하는 섹스라고 할 수 있습니다.

보통 질 입구에서 자궁경부까지는 8cm 정도로, 일반적인 남성의 페니스가 닿기엔 긴 거리입니다. 하지만 여성이 똑바로 누운 자세에서 무릎을 세우거나 양다리를 들어 허벅지를 복부에 가깝게 밀착시키면 거리가 훨씬 짧아져 자극하는 게 가능해집니다. 이곳을 정확히 자극하면 골반이 녹아내리는 듯한 오르가슴에 이를 수 있습니다. 여성을 가장 황홀하게 만드는 자극점이라고 하는 이유입니다.

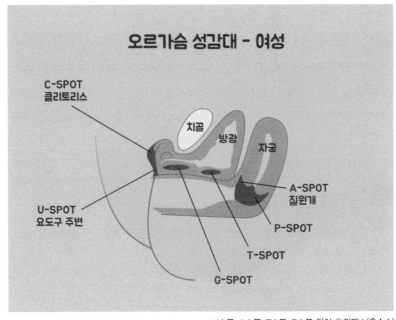

U스폿, A스폿, T스폿, P스폿 위치 ©림팩스(홍승수)

T스폿

G스폿이 끝나는 부위에 움푹 들어간 질벽이 있는데, 이곳이 T스폿입니다. 즉 G스폿과 A스폿 사이에 T스폿이 있습니다. 이 부위를 손가락으로 자극하면 쾌감이 느껴집니다. T스폿을 자극하는 방법은 손가락으로 배꼽 쪽을 향해서 문지르거나 톡톡 치는 것입니다. 이곳을 발견한 『슬로우 섹스』의 저자 아담 도쿠나가(Adam Tokunaga)는 G스폿보다 더 강한 오르가슴을 느낄 수 있다고 말합니다. T스폿의 T는 도쿠나가의 첫글자 T에서 따온 것입니다.

P스폿

자궁경부와 연결되는 질의 가장 깊은 곳에서 항문이 있는 방향에 있습니다. 즉 질벽의 후면(posterior fornix)의 P자를 써서 P스폿이라고 하는데, 이 부위를 자극하면 쾌감도가 높아집니다. 주로 후배위를 했을 경우 자극을 받습니다.

원 포인트 레슨

유일하게 질 후벽에 있는 P스폿을 제외하고 여성의 성감대는 대부분 질벽의 앞쪽에 있습니다. 클리토리스 C스폿, 요도 U스폿, 그라펜베르크 G스폿, 도쿠나가 T스폿, 질 앞벽 A스폿 모두 질 앞쪽에 있습니다. 남성의 음경은 대부분 약간 위로 휘어져 있습니다. 따라서 남성 상위에서 음경 끝으로 질 앞쪽의 스폿들을 자극할 수 있습니다. 손가락으로도 자극할 수 있고요.

06 자위의 중요성

남성들은 삽입 섹스하기 전에 본능적으로 여성의 몸을 애무합니다. 여성의 질에서 애액이 나와야 페니스 삽입이 쉬워지니까요. 맞는 말이긴 하지만 사실은 틀린 말입니다. 애무(전희)의 근본 목적은 여성의 몸이 뜨거워지도록 만들기 위해서입니다. 몸이 뜨거워질수록, 흥분할수록 여성은 더 오랫동안 더 강하게 오르가슴을 경험할 수 있으니까요. 애액은 몸이 뜨거워지면서 저절로 나오는 결과물입니다.

그런데 몸을 흥분시키는 수단이 파트너의 애무뿐이라면 더 강한 흥분을 경험하기 어렵습니다. 평소 성적 자극에 익숙한 몸을 만들고, 성감대를 개발해 스스로 몸을 뜨겁게 만들줄 아는 게 중요합니다. 성감은 자극하면 할수록, 사용하면 할수록 발달합니다. '용불용설'이 정확하게 적용되는 곳이죠.

자위는 자신의 몸과 성기를 만지면서 성감대를 찾고 개발하며, 이를 즐기는 행위이자 훈련입니다. 자위에 대해 부정적으로 생각한다면 그건 편견일 뿐입니다. 자위는 자연스럽게 자기 몸을 알아가는 과정일 뿐 아니라 건강하고 행복한 성생활을 하는 데 도움이 되는 필수적인 행위예요.

자위를 '성욕을 충족시킬 방법이 없는 사람이나 하는 성욕 해소 수단'으로 생각하는 것도 편견입니다. 자위는 섹스 이외의 방법으로 성적 자극을 즐길 수 있는, 가장 안전한 방법입니다.

우리는 자위를 통해 성적 흥분이 최고조가 될 때의 몸의 변화를 알수 있습니다. 또한 자신의 성기를 사랑하는 법, 오르가슴을 즐기는 법, 더 나아가 섹스에 능숙해지는 법을 배우게 됩니다. 그러다 보면 어느새 자신도 만족하고, 상대도 만족하는 섹스를 할 줄 아는 명기가 되는 것입니다. 이런 자위를 우리가 하지 않을 이유가 없죠.

사랑하는 사람과 성 트러블이 없으려면 속궁합이 잘 맞아야 합니다. 그러려면 먼저 나 자신의 속궁합부터 알아야 합니다. 내가 내 몸의 성감대를 모르면서 속궁합이 맞기를 기대해서는 안 됩니다. 남이 나보다 내 몸의 성감대를 잘 알기란 거의 불가능하니까요.

내 몸의 성감대와 그 성감대가 느끼는 방식을 정확하게 알아야 상대에게 제대로 알려줄 수 있습니다. 그래야 적절한 애무를 받을 수 있고, 자연스럽게 속궁합이 맞춰집니다. 말로 하는 게 부끄럽다면 손이나 몸의 움직임으로 자연스럽게 이끌면 됩니다. 그러지 않으면 자기 손해일 뿐이에요.

자위할 때는 처음부터 오르가슴을 느끼려 하기보다는 성적인 쾌감을 찾고, 경험하는 것이 좋습니다. 처음엔 오르가슴을 느낄 것 같으면 자극을 줄이세요. 그렇게 몇 차례 반복한 후에 오르가슴을 느낄 때까지 자위행위를 하는 게 성적 쾌감을 극대화하고 지속할 수 있게 하는 좋은 훈련 방법입니다.

자위는 여러모로 유용합니다. 혼자 있을 때 즐길 수도 있고, 파트너랑 같이 할 수도 있고, 파트너 앞에서 보여주면서 혼자서 할 수도 있으니까요.

여성이 자위를 통해 오르가슴을 느낀 후 삽입 섹스를 하면 남성은 여성을 만족시키기 위해 피스톤 운동을 오래 해야 한다는 강박관념에서 벗어날 수 있어 심적으로 자유로운 섹스를 할 수 있게 됩니다. 만약 삽입 섹스에서 오르가슴을 못 느꼈다면 섹스가 끝난 후에 혼자서 자위로 오르가슴을 느끼면 되기 때문에 오르가슴을 느끼기 위해 안달할 필요도 없고요.

자위는 목욕탕의 샤워기, 손가락, 딜도, 바이브레이터 등 여러 가지 도구와 방법으로 할 수 있어요. 외음부를 베개에 대고 문지르면서 자극할 수도 있고요.

샤워기를 사용할 경우 수압을 세게 해서 클리토리스에 갖다 대고 2~3분 정도 자극하면 오르가슴을 느낄 수 있습니다. 온도와 물의 세기는 자신의 취향에 맞게 조절하면 됩니다.

가장 좋은 방법은 바이브레이터를 사용하는 것인데 강하고 지속적인 자극을 얻을 수 있습니다. 손가락이나 딜도, 바이브레이터를 사용할 때는 윤활제를 바르고 하면 더욱 좋습니다.

자위는 질을 촉촉하게 해주고, 호르몬의 분비를 촉진해 주고, 자궁을 수축시키며, 허리 통증이나 생리통도 좋아지고 자궁으로 가는 혈류량을 늘려주기 때문에 골반염이나 자궁근종, 질염에도 좋고 우울증에도 효과가 있습니다.

무엇보다 스스로를 성의 주체로 일깨우는 역할을 합니다. 미국에서 젊은 여성을 대상으로 한 조사에 따르면 똑같이 성관계가 없더라도 자위를 하는 여성이 안 하는 여성보다 자존감이 더 높았다고 합니다.

원 포인트 레슨

자위는 오르가슴에 오르게 하는 가장 쉬운 방법이어서 성학적으로 자위를 연습시키기도 합니다. 오늘 당장 꼭 실습해 보시기 바랍니다. 삶은 도전이고 새로운 것을 경험하는 여정입니다. 명기가 되는 길은 멀리 있지 않습니다.

07   기본 자위 방법

조용하고 옷을 벗어도 춥지 않으며 남의 시선으로부터 완전히 자유로운 곳으로 갑니다. 부부 침실이 가장 좋고, 여건이 여의치 않으면 호텔이나 모텔도 좋습니다.

밝은 형광등보다는 은은한 무드등이나 촛불을 켜고, 편안한 음악을 틀어 분위기를 조성합니다. 성욕을 높이기 위해 야한 동영상을 틀어놔도 좋습니다.

준비가 끝났으면 샤워를 하고 옷을 다 벗은 채 침대에 편안하게 누워 몸과 마음을 이완시킵니다. 머릿속으로 최대한 야한 상상을 해도 좋습니다.

눈을 감고 천천히 손바닥이나 손끝으로 마치 깃털로 쓰다듬듯이 부드럽게 몸의 모든 부위를 하나씩 하나씩 스치며 자극합니다. 어깨에서 팔과 손등으로, 목에서 젖가슴과 배꼽을 지나 허벅지 안쪽으로, 항문 주위에서 회음부를 지나 음부 순으로 아주 천천히 쓰다듬으며 자극합니다. 오일 등 윤활제를 바르면 훨씬 더 부드럽고 찌릿한 느낌이 듭니다. 중간중간 만지는 방식과 패턴을 바꿔주는 것도 좋아요.

그렇게 내 몸을 탐험하면서 어떤 부위가 어떤 자극에 민감하게 반응하는지 스스로 느끼고, 그 감각을 즐깁니다. 이렇게 성감대를 찾는 과정만으로도 은은한 떨림이 느껴질 것입니다.

찌릿찌릿한 느낌이 드는 성감대를 찾았다면 그곳을 자신이 원하는 강도와 원하는 패턴으로 부드럽게 만져줍니다.

여성의 성감대는 목선, 겨드랑이, 배꼽, 유두, 항문, 회음부, 음부 등 다양합니다. 또 다른 곳에서 찌릿함이 느껴질 수도 있고요. 많이 찾아내면 찾아낼수록 좋습니다.

©림팩스(홍승수)

아무래도 자위할 때 집중 공략을 하게 되는 부위가 음부입니다. 이곳에 성감대가 집중되어 있으니까요. 그런데 이때 처음부터 클리토리스를 직접 자극하는 것은 좋지 않아요. 간접적인 자극부터 시작하는게 좋습니다.

누워서 다리를 모은 상태에서 손으로 음부 전체를 자극합니다. 음모가 나 있는 불두덩 부위를 충분히 쓰다듬은 후 다리를 벌리고 대음순과 소음순을 따라 손가락을 움직입니다.

손가락으로 양쪽 소음순의 바깥쪽을 끼고 가볍게 문지르면서 천천히 클리토리스(음핵) 쪽으로 올라갑니다. 클리토리스가 가까워졌다면 클리토리스를 덮고 있는 포피를 손바닥으로 지그시 누르면서 원을 그려보세요. 그리고 손가락으로 문지르거나 쓰다듬다 보면 흥분이 되면서 클리토리스가 돌출되어 나올 것입니다.

이제 중지와 검지를 사용해 클리토리스를 자극합니다. 이때도 클리토리스 중앙을 바로 자극하기보다는 두 손가락을 'V'자로 만들어 클리토리스 양옆을 위아래로 움직이거나 클리토리스를 원을 그리듯 문지릅니다. 너무 강하게 자극하지 말고 부드럽게 마사지하듯 하세요. 그러다 보면 허리와 엉덩이에 힘이 가해지면서 슬슬 흥분이 고조되기 시작합니다.

쾌감이 상승했다면 오직 클리토리스에 집중합니다. 이때 중요한 것은 너무 빠르지도 느리지도 않게 지속적으로 부드럽게 자극하는 것입니다. 오르가슴을 느낄 수 있는 자신의 리듬과 속도를 찾는 게 중요합니다. 진동기를 사용하면 손가락을 과도하게 사용하지 않고도 클리토리스를 자극할 수 있습니다.

만약 다른 곳도 함께 애무하고 싶다면 클리토리스를 자극하지 않는 다른 손을 이용하면 됩니다. 예를 들어 클리토리스를 애무하면서 다른 손으로 젖가슴을 부드럽게 만져주는 식으로요.

오르가슴에 도달할 것 같으면 대부분 빠르고 강하게 자극하려는 경향이 있는데요. 질 오르가슴까지 느끼려면 그렇게 하면 안 됩니다. 클리토리스에서 시작된 쾌감이 질 속으로 퍼져나갈 수 있도록 강도와 속도를 유지해야 합니다.

클리토리스에서 질 입구까지를 오가며 자극합니다. 특별히 기분 좋은 동작이 있다면 그 패턴을 반복하시고요. 그러다 질 입구를 마사지하면서 질 안에 손가락 한두 개를 넣어봅니다.

질이 충분히 젖었으면 비로소 손가락이나 섹스토이를 천천히 삽입합니다. 그래도 질이 건조하면 윤활제를 바르는 게 좋습니다.

질 오르가슴을 느끼려면 자위를 통해 G스폿을 찾아야 합니다. G스폿은 질 입구에서 안쪽으로 4~5cm 정도 위치의 질 앞벽에 있습니다. 질 입구에서부터 조금씩 안쪽으로 들어가면서 천천히 자극하다 보면 느낌이 오는 부위가 있습니다. 누운 상태에서 G스폿 위치를 찾기보다는 쪼그리고 앉아서 하는 게 좀 더 찾기가 쉬울 수 있습니다.

G스폿을 찾았다면 이곳을 중심으로 본격적으로 자극합니다. 쾌감이 느껴지면 속도와 압력을 조금씩 높입니다. 손가락 두 개가 아닌 세 개를 질 안에 넣고 빠르게 움직이면서 다른 손으로 클리토리스를 자

극하는 것도 방법입니다.

　그렇게 쾌감을 즐기다 보면 어느 순간 골반이 찌릿찌릿해지면서 질 안이 뜨거워지고 폭발할 것 같은 느낌이 들게 됩니다.

　이렇게 자위는 짧은 시간에 끝내는 것이 아니라 오랜 시간 깊고 은은하게 즐거움을 경험하는 행위입니다.

원 포인트 레슨

　　오르가슴은 누군가 주는 게 아닙니다. 스스로 얻는 것이죠. 그중에 가장 좋은 방법이 자위입니다. 아마도 많은 여성이 자위를 통해 첫 오르가슴을 경험할 것입니다. 그러니 절대로 자위행위를 과소평가하지 마세요. 자위는 아무리 강조해도 지나치지 않습니다. 명기가 되고 싶은 여성들이여, 자위하세요!

08 섹스토이 종류와 활용법

섹스토이는 개인의 성적 욕구를 충족시키거나 파트너와의 성적 관계를 향상하기 위해 사용되는 도구입니다. 다양한 종류가 있으며 각각의 목적과 사용법이 다릅니다.

딜도

남성 성기를 본뜬 것으로 삽입을 통해 성적 쾌감을 얻는 용도로 사용됩니다. 딜도가 없던 시대의 여성들은 바나나, 당근, 오이 등 페니스처럼 길쭉한 것은 무엇이든지 사용했습니다. 딜도는 크기도 다양하고 재질도 다양한데 최근에는 페니스와 비슷한 질감의 제품들이 판매되고 있습니다. 딜도의 단점은 모터가 없고 진동 기능이 없다는 점입니다. 딜도는 윤활제를 듬뿍 묻혀서 사용하는 것이 좋습니다.

바이브레이터

진동 기능이 추가된 섹스토이로 클리토리스, 질, 유두를 비롯해 전신의 어떤 부위든 자극할 수 있습니다. 크기와 모양이 다양하고 진동 강도와 패턴을 조절할 수 있습니다. 클리토리스 전용, G스폿 전용이 있고 흡입 기능이 있는 제품, 리모콘 기능이 있는 제품도 있습니다. 점점 재질이나 모양이 세련되고 기능이 다양해지고 있습니다. 클리토리스나 유두의 경우 피부 위에 대고 자극하면 되고, 질이나 항문에는 삽입한 후 자극의 강도와 패턴을 조절하면 됩니다. 자위를 위해 가장 많이 사용되고 있습니다.

섹스 머신

자동화된 삽입 기구로 기계적으로 움직이는 장치가 있어서 딜도를 부착해 사용합니다. 자동으로 넣었다 뺐다(in and out)를 반복해 손을 사용하지 않고도 성적 쾌감을 경험할 수 있습니다. 기계의 속도와 깊이를 조절한 후, 말 안장처럼 편안한 자세로 앉아서 기계를 작동하면 됩니다.

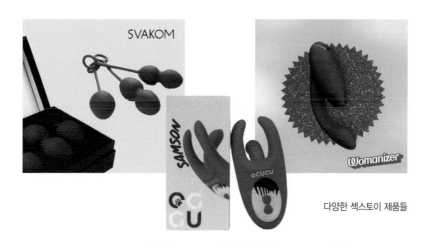

다양한 섹스토이 제품들

애널 플러그

항문에 삽입해 사용하는 섹스토이로 다양한 크기와 형태가 있습니다. 항문 자극을 통해서 성적 쾌감을 증가시킵니다. 윤활제를 충분히 바르고 항문에 천천히 삽입하면 되는데, 처음엔 작은 크기부터 시작하는 것이 좋습니다.

케겔 볼

질에 삽입한 후 케겔운동을 통해 질 근육을 강화합니다. 사용 후 깨끗하게 씻어야 합니다. 프랑스에서는 분만 후 요실금이 생기거나, 늘어진 질을 강화하기 위해 산부인과 의사가 루틴처럼 처방해 줍니다.

페티시 토이

특정 성적 취향을 가진 사람들이 사용하는 도구로 채찍, 족쇄, 구속장치 등이 있습니다. BDSM(속박, 지배, 가학, 피학) 취향을 가진 사람들이 주로 사용합니다. 파트너와 합의하에 상호 존중과 안전을 유지하며 사용하는 것이 중요합니다.

원 포인트 레슨

섹스토이는 성적 즐거움을 더 높일 목적으로 사용합니다. 특히 파트너와의 성관계에 부족함을 느낄 때, 혼자서 자위할 때, 성적 파트너와 더 많은 즐거움을 위해서 사용합니다.

09   오르가슴이란

섹스의 가장 큰 매력은 오르가슴(성적 황홀경)에 있습니다. 오로지 종족 번식을 위해 교미하는 동물들과 달리 사람만이 성적 즐거움을 추구하죠.

물론 사람이 희열을 느끼는 경우는 여러 가지가 있습니다. 하지만 오르가슴을 능가하는 희열은 없을 것입니다. 오르가슴이 절정에 도달한 순간의 행복감은 그 어떤 보상보다 월등하게 높으니까요.

여성이 오르가슴에 도달하는 방법은 여러 가지입니다. 성감대가 여럿이니까요. 가슴이나 항문 주위를 집중적으로 자극하는 것만으로도 황홀경에 빠질 수 있습니다. 하지만 가장 강한 성감대는 클리토리스와 G스폿이죠.

물론 성감대를 자극한다고 해서 무조건 오르가슴을 느끼는 것은 아닙니다. 성 학자들은 평생 한 번도 오르가슴을 느끼지 못한 여성이 30%가 넘는다고 말합니다. 세계적 섹스 심벌인 매릴린 먼로도 자신의 정신과 주치의에게 "나는 오르가슴을 한 번도 느껴보지 못했다"

고 고백했다니까요.

 여성이 오르가슴을 느끼지 못하는 이유는 여러 가지가 있겠지만 가장 큰 이유는 남성보다 오르가슴에 도달하기까지 걸리는 시간이 긴 데 있습니다. 여성이 오르가슴에 도달하기 전에 남성이 먼저 오르가슴에 도달해 사정하면 대부분 섹스가 끝나버리니까요.

 남성은 오르가슴을 느끼는 데 3분이면 되지만 여성은 16분 정도 걸립니다. 이 차이를 '오르가슴 갭(orgasm gap)'이라고 합니다. 이 차이를 없애기 위해서는 노력이 필요합니다. 여러 가지 시도를 통해 적절한 방법을 찾아야 합니다. 그렇게 하면 남녀가 동시에 오르가슴에 오를 수 있습니다.

 여성이 오르가슴을 느끼려면 클리토리스와 G스폿이 압박과 마찰을 통해 성감이 일어나야 합니다. 이것이 핵심입니다.

 자위는 손가락이나 기구로 클리토리스와 G스폿을 직접 자극하면 되기 때문에 여성도 빠르면 3분 안에 오르가슴에 오를 수 있습니다. 그런데 삽입 섹스에서는 성관계하는 내내 남성의 페니스 귀두로 여성의 클리토리스와 G스폿을 압박하고 마찰하는 게 어렵습니다. 그나마 여성 상위, 또는 서로 마주 앉아 여성이 말을 타듯이 남성 위에 올라가는 체위가 좀 용이한 편이죠.

 오르가슴을 느끼기 위해서는 다섯 가지 조건이 필요합니다. 성감대(spot), 압력(pressure), 마찰(friction), 강도(intensity), 시간(time)입니다. 이 중 어느 한 가지라도 충족되지 않으면 오르가슴을 느끼기가 힘듭니다.

가장 먼저 파악해야 하는 것은 성감대입니다. 성감대가 아닌 곳은 아무리 자극해도 오르가슴을 느끼기 어려우니까요.

성감대를 파악했으면 그곳에 적절한 압력을 가해야 합니다. 클리토리스는 밖에서 보이기 때문에 적당한 압력으로 문지르거나 자극할 수 있지만 G스폿은 남성 상위 체위로는 자극하기가 쉽지 않습니다. G스폿을 자극할 수 있는 체위를 하거나, G스폿을 부풀리는 시술을 받으면 남성 상위 체위로도 오르가슴에 오를 수 있습니다.

오르가슴에 오르기 위해서 그 부위를 어느 정도의 강도로 지속적으로 마찰해야 합니다. 이것은 성감대마다 다르고, 남성의 테크닉에 따라 다르고, 같은 여성이라도 그날의 기분에 따라 달라집니다. 그걸 맞춰가는 훈련이 필요합니다. 애무나 마찰은 약한 강도로 시작해 점점 강하게 일정 시간 해야 합니다.

시간도 여성마다 다릅니다. 성감이 발달한 여성은 그 시간이 훨씬 짧습니다. 그래서 오르가슴에 도달하는 시간을 줄이기 위해 자위를 통해 성감을 개발하는 게 중요합니다.

그렇게 노력하다 보면 어느 날 오르가슴 비슷한 경험을 하게 됩니다. 이때 같은 시도를 계속하면 강한 오르가슴을 느끼게 됩니다.

여성이 오르가슴에 이르면 자궁과 질뿐 아니라 질을 둘러싼 골반 근육은 물론 항문 괄약근까지 강한 수축과 이완 작용을 일으킵니다. 골반 근육의 수축 작용은 0.8초 간격으로 일어나는데 짧게는 3~5회, 길면 10~15회까지 일어납니다. 오르가슴이 진행되는 동안 호흡 횟수가 1분에 40회까지 올라가고 맥박이 180까지 상승합니다. 그러면서 찌릿한 희열감이 등줄기를 타고 머리까지 올라가면서 온몸에 경련이 일어나죠.

이렇게 되면 남성은 굳이 페니스로 피스톤 운동을 하지 않고 가만히 질 안에 머물러 있어도 엄청난 쾌감을 느낄 수 있습니다. 쫄깃하게 조여준다는 말이 절로 이해가 됩니다.

여성은 G스폿이나 방광을 자극하면 소변이 마렵다는 느낌을 받습니다. 오르가슴에 이르면 여성에 따라 요의를 느끼는 것에 그치지 않고 스킨샘(skene's duct)에서 생성된 분비액이 요도를 통해 물과 함께 분출되기도 합니다. 이것을 '여성 사정'이라고 하죠. 한 번만 나오기도 하고, 여러 차례 분출하기도 합니다. 여성 사정액에 대한 최근 화학 분석 결과에 따르면 남성의 사정액과 유사했습니다. 소변이 아니니 부끄러울 것이 없는 거죠.

한번 오르가슴에 도달하고 나면 그다음부터는 성생활이 한 단계 업그레이드되고, 부부관계가 달라집니다. 여성이 오르가슴에 도달하기 위해 노력하는 것은 그럴 만한 가치가 있기 때문입니다.

원 포인트 레슨

오르가슴 갭을 메울 수 있는 가장 좋은 방법은 남성이 13분 동안 여성을 애무하는 것입니다. 즉 여성이 오르가슴을 느낄 때까지 남성이 계속 여성의 성감대를 자극하고, 여성이 오르가슴을 느낄 때쯤에 남성이 삽입해서 같이 오르가슴에 오르는 것입니다. 만약 남성이 이 정도 시간 동안 애무하기 힘들다면 섹스토이를 활용하거나 라피크젤(박혜성몰에서 구입 가능)처럼 혈류량을 증가시키는 젤을 클리토리스에 13분 정도 마사지하는 방법도 있습니다.

10 오르가슴 테크닉

클리토리스만 잘 자극해도 거의 모든 여성은 오르가슴에 오를 수 있습니다. 오르가슴이 무엇인지 모르겠거든 바이브레이터를 클리토리스에 갖다 대보세요. 그러면 클리토리스 옆에 있는 질 근육과 외음부 근육이 움찔움찔하면서 그 흥분이 척추를 통해서 머리끝까지 전달될 테니까요.

성 학자들은 클리토리스를 여성에게 섹스의 전원과도 같다고 말합니다. 여길 자극하지 않으면 오르가슴에 도달하는 게 거의 불가능하기 때문입니다. 특히 불감증인 여성에게는 더욱 중요합니다. 클리토리스와 함께 U스폿을 자극하면 더 빨리 오르가슴에 이를 수 있습니다. 클리토리스와 U스폿을 자극할 때는 무조건 부드럽게 해야 한다는 것을 명심하시고요.

클리토리스와 U스폿을 자극해서 오르가슴에 올랐다면 다음엔 G스폿을 통한 오르가슴을 경험할 차례입니다. G스폿을 통한 오르가슴을 G가슴이라고 합니다.

G가슴을 느끼려면 그전에 클리토리스와 U스폿을 충분히 자극해야 합니다. 특히 클리토리스는 애무 단계는 물론 섹스 중에도 끊임없이 자극해야 합니다. 클리토리스를 자극하다 멈추면 흥분이 가라앉기 쉽거든요. 마치 전원을 끄는 것과 같습니다. 삽입 섹스 중에도 남성이나 여성이 손가락으로 클리토리스를 계속 자극하면 여성이 오르가슴에 도달하기가 쉽습니다. 만약 여성이 삽입 성교에서 오르가슴을 못 느낀다면 이 행동을 잊지 마세요.

삽입 섹스에서 G가슴을 느끼는 것은 남성의 테크닉이 좌우합니다. G스폿은 그 지점을 정확하게 지속적으로 자극하지 않으면 오르가슴을 느낄 수 없기 때문입니다.

먼저 남성이 G스폿을 찾는 작업을 해야 합니다. 남성이 질 안에 손가락을 넣어 질 앞 벽을 천천히 자극해 가며 안으로 들어가다 보면 여성이 오줌이 마려운 느낌이 드는 지점이 나옵니다.

여성은 어떤 부위를 자극했을 때 오줌이 마려운지 남성에게 솔직하게 알려주어야 합니다. 창피하다고 해서 말하지 않거나, 남성이 자극하는 걸 그만하게 해서는 안 됩니다. 오히려 남성이 그 부위에 대한 손가락 자극을 멈추지 않고 계속 자극하도록 이끌어야 합니다.

정확한 G스폿 위치를 남성에게 인지시킨 후 삽입 섹스를 유도합니다. 페니스를 깊게 넣지 않고 귀두가 G스폿 지점을 자극할 수 있도록 피스톤 운동을 하게 합니다.

G스폿이 자극을 받는 데도 오르가슴이 느껴지지 않는다면 여성이 자신의 손이나 기구를 이용해 클리토리스를 함께 자극하는 것이 좋

습니다. 남성이 피스톤 운동을 하면서 동시에 클리토리스를 자극하는 것은 난도가 있는 작업이어서 자칫 둘 다 제대로 하지 못해 달아올랐던 성감이 사라질 수도 있기 때문입니다.

만약 삽입 성교에서 G스폿 오르가슴을 못 느끼면, 남성이 손가락으로 G스폿 위치를 톡톡 치듯이 자극해 보세요. 3~10분쯤 후에 여성 사정이 일어나면서 G가슴이 일어나는 것을 경험할 수 있습니다(잘 모르겠으면 일본 포르노를 참고하면 알 수 있습니다).

G스폿을 자극하는 것은 쉬울 수도 있고 어려울 수도 있습니다. G스폿에 대한 개념이 없고 위치를 못 찾는다면 아주 어렵지만, 제대로 자극해서 오르가슴을 느끼게 되면 그다음에는 삽입 섹스만으로도 쉽게 느낄 수 있게 됩니다. 그래서 한번 성감이 개발된 여성은 다음에도 쉽게 오르가슴에 오를 수 있습니다. 땀이 잘 안 나던 사람이 어느 날 땀샘이 열려서 땀이 나오면 그다음부터는 조금만 운동해도 땀이 나는 것과 같은 이치입니다.

원 포인트 레슨

남성이든 여성이든 성관계를 안 하려고 하는 것은 섹스가 재미없기 때문입니다. 반대로 상대에게 깊이 빠지는 것은 성관계에서 황홀경을 맛보았기 때문입니다. 이 세상에 오르가슴만큼 사람의 영혼을 흔드는 것은 없습니다. 그러니 오르가슴은 정복할 만한 충분한 가치가 있습니다. 오르가슴을 느끼는 성관계를 하면 두 사람 사이에 권태기가 올 수 없고, 상대방에 대한 사랑이 식을 리 없습니다. 그러니 오르가슴을 정복하기 위한 노력을 아끼지 말기를 바랍니다.

11   오르가슴을 부르는 전희 6단계

자위를 통해 성감을 개발하고, 오르가슴에 대한 이해가 끝났다면 이제 실전에 들어갈 차례입니다. 실전이라고 해서 곧바로 삽입 섹스를 생각하면 안 됩니다.

신혼 때를 생각해 보세요. 그때는 왜 섹스가 즐거웠을까요. 사랑의 열정도 있었겠지만, 무엇보다 서로의 몸을 탐구하려는 호기심이 강했기 때문입니다. 서로의 몸을 애무하며 탐구하는 게 전희입니다.

전희는 마치 메인 요리 전에 나오는 애피타이저(appetizer, 식욕을 돋우는 요리)라 할 수 있습니다. 선택이 아닌 필수로 섹스 테크닉의 기본 중 기본입니다. 황홀한 섹스를 위한 전제인 것이죠. 전희가 제대로 이뤄지면 성적 쾌감을 높일 수 있습니다.

남성의 성감대는 대부분 페니스 주위에 몰려 있습니다. 자극에 대한 반응이 빠르기 때문에 전희 없이도 사정이 가능합니다. 그러나 여성은 성감대가 온몸에 고루 분포돼 있습니다. 성적 쾌감이 서서히 퍼지기 때문에 여성이 즐거운 섹스가 되기 위해서는 전희가 반드시 필요합니다.

전희는 섹스할 때만 하는 게 아닙니다. 일상생활에서도 언제든지 행동으로 표현하는 것이 좋습니다. 스킨십, 가벼운 키스도 전희입니다. 육체적 행위뿐 아니라 야한 농담, 사랑의 감정을 담은 대화도 전희의 한 형태입니다.

여기서는 섹스의 전 단계에서 여성이 리드할 수 있는 전희 과정을 6단계로 이야기하겠습니다.

첫 번째 단계는 상대와 포옹한 채 뺨과 이마, 그리고 눈꺼풀과 목덜미 등을 손으로 어루만지고 입술에 가볍게 키스합니다. 남성이 서서히 달아오를 것입니다.

두 번째 단계는 키스하면서 귓불과 가슴, 배 등을 살며시 애무합니다. 처음부터 과격한 자극은 삼가는 것이 포인트입니다.

세 번째 단계는 달아오른 남성의 손을 자신의 가슴으로 이끕니다. 그러면 남성은 여성의 목덜미에서부터 가슴으로 입술로 핥으며 내려올 것입니다.

네 번째 단계는 손으로 남성의 허벅지 안쪽을 부드럽게 애무하고 페니스를 살며시 잡아 자극합니다. 흥분한 남성은 여성의 유두를 강하게 자극할 것입니다. 이때 둘 다 성적 쾌감이 탄력을 받기 시작합니다.

다섯 번째 단계는 딥키스입니다. 서로 혀를 받아들일 정도로 깊이 있는 키스를 나눕니다. 남성은 한 손으로는 여성의 가슴을 만지면서 다른 손으로는 여성의 음부를 애무할 것입니다.

마지막 단계는 애액의 정도를 탐지하는 것입니다. 남성도 손으로 질 주위를 애무하면서 애액의 정도를 파악하겠지만 애액이 어느 정도 나오고 있는지는 여성 자신이 가장 잘 압니다. 충분히 젖었다는 느낌이 들 때까지는 삽입 단계로 넘어가지 않도록 남성을 조절해야 합니다.

남성이 전희를 할 때 여성이 조금은 과장된 신음을 내는 것도 좋습니다. 여성이 반응하면 남성은 쾌감을 느끼고 더 분발하려는 마음이 생깁니다. "당신이 전희에서 이런 것을 해주었을 때 기분이 묘해지면서 좋았다"고 구체적으로 칭찬해 주는 것도 효과 만점입니다. 남성은 이 말에 고무되어 전희에 더욱 신경을 쓸 것입니다.

전희를 할 때 잊지 말아야 할 포인트가 있습니다. 천천히, 부드럽게 해야 한다는 것입니다. 결혼 생활을 오래 한 부부일수록 가볍게 키스하고 가슴을 살짝 어루만지다가 바로 본론인 피스톤 운동에 돌입하는 경우가 많습니다. 그런 섹스는 서로에게 즐거움을 주지 못합니다.

전희를 잘하면 조루 증세가 있는 남성이라도 여성을 오르가슴에 도달하게 할 수 있습니다.

전희를 꺼리는 남성에게는 전희의 중요성을 알려주어야 합니다. 이때도 질책하는 말투는 금물입니다. 가능한 한 친절하게 설득하고, 남성이 공감할 수 있도록 이야기하는 것이 중요합니다.

원 포인트 레슨

여성의 오르가슴은 전희에 달려 있다 해도 과언이 아닙니다. 전희 습관을 들이면 앞으로 섹스가 훨씬 즐거워질 것입니다. 특히 남성은 여성에게 대접받는 생활이 가능해집니다.

12 진정한 애무의 의미

전희의 단계에서 애무에 대해 좀 더 이야기할까 합니다.

사실 남성들은 애무의 중요성을 잘 느끼지 못합니다. 섹스에 대한 남성의 기본 개념은 '사정(배설)'과 '여성을 만족시키는 능력'입니다. 오로지 여성이 오르가슴을 느낄 때까지 사정하지 않고 버텨야 한다는 생각뿐이죠. 그러니 성적 쾌감에 몰입하지 못한 채 상대가 빨리 오르가슴에 도달하도록 빠르고 거친 피스톤 운동에만 집중합니다. 그러다 정액이 요도를 통해 꿀렁꿀렁 나올 때 찌릿찌릿한 자극만 느끼게 될 뿐이죠. 그래서 남성들은 '사정이 곧 쾌감'이라는 인식이 강합니다.

이처럼 남성은 성적 쾌감을 즐기는 방법 자체를 모릅니다. 남성이 쾌감(오르가슴)을 느끼지 못하면 여성도 제대로 된 오르가슴을 느끼기 힘듭니다. 애무의 중요성을 남성들에게 인식시켜야 하는 이유입니다.

애무는 피부로 하는 대화입니다. 사람은 만짐으로써 말이 필요 없는 소통이 가능해집니다. 몸을 끌어안고 쓰다듬고 어루만지는 것만으로도 행복함과 편안함을 느낍니다.

또한 피부와 피부가 접촉할 때 느껴지는 부드러운 촉감 하나하나가 뇌로 전달되어 쾌감을 만들고, 그 쾌감이 모여 삽입이 없어도 오르가슴을 만들어냅니다. 이처럼 애무는 남녀가 서로의 몸 구석구석을 탐색하면서 가장 기분이 좋아지는 곳을 찾는, 그리고 그곳을 계발해 나가는 과정입니다.

애무는 상대를 위한 봉사가 아니라 오로지 나를 위한 행동이 되어야 합니다. 평소에 내가 만질 때는 아무 느낌이 없던 사타구니가 애무할 때는 상대의 손이 스치기만 해도 파르르 떨립니다. 상대의 손과 입술이 내 몸의 어디를 어떻게 자극할 때 내 몸이 어떤 반응을 보이는지를 느끼는 것은 아주 즐거운 놀이입니다. 이렇게 흥분으로 가득 차게 하는 놀이가 세상에 또 있을까요.

애무를 받을 때는 내 몸의 반응을 하나하나 느껴야 합니다. 애무는 상대와 내가 하는 몸의 대화입니다. 둘 다 알몸이 되어 살과 살이 닿을 때, 그 사람의 숨결이 내 목을 타고 흐를 때, 부드러운 손길이 내 몸 구석구석 은밀한 부분을 천천히 어루만지며 지나갈 때 느껴지는 세포 하나하나의 반응에 집중해야 합니다. 그래야 필요한 순간에 어디를 어떻게 애무해 달라고 말할 수 있으니까요.

애무를 받을 때는 아무 생각도 하지 마세요. '부끄러우니까 신음을 참아야지', '힘들 테니 그만하라고 할까' 하는 생각은 감각을 봉쇄할 뿐입니다. 반응이 없으면 하는 사람도 즐겁지 않아 중간에 그만두게 됩니다. 받을 땐 그저 즐기면 됩니다. 이 순간 내가 최대한 행복해질 수 있도록 요구해도 됩니다. 이 순간을 느끼세요. 애무는 하는 사람도 즐겨야 하고 받는 사람도 온전히 즐겨야 합니다.

내가 원하는 애무를 받으려면 어떻게 해야 할까요. "난 이렇게 하는 게 좋아"라고 말하는 게 가장 좋습니다. 그렇게 말하기가 부담스럽다면 몸과 신음으로라도 표현을 해야지 속으로 삼키면 안 됩니다. "아~" 하는 신음을 내거나 "정말 좋아", "미칠 것 같아"라고 말할 때, 몸을 뒤틀거나 다리를 벌리는 등 반응을 보일 때 남성은 더 흥분하고 그 애무에 더욱 진력하게 됩니다.

애무해 줄 때는 어떻게 하는 게 좋을까요. 남성의 성감대는 페니스에 집중되어 있다고 해서 처음부터 페니스를 공략하는 것은 좋지 않습니다. 유두나 입술 등 남성이 쾌감을 느끼는 부분은 많습니다. 정수리부터 발끝까지 몸 구석구석을 혀와 손끝으로 핥고 훑으면서 내 남자의 성감을 탐험해 보세요. 특히 페니스를 자극하기 전에 사타구니, 항문, 항문과 고환 사이인 회음부, 고환을 입으로 애무해 주면 흥분이 높아집니다.

물론 애무하면서 상대의 반응을 살펴야 합니다. 이렇게 만져줄 때 어떤 반응을 보이는지, 언제 몸을 움찔거리는지, 파르르 떠는지, 아니면 깊은 신음을 내는지 등을 잘 기억해 두면 좋습니다. 이런 반응이 상대를 다루는 나만의 기술이 되니까요.

참고로 애무의 패턴은 자주 변화를 주는 게 좋습니다. 사람은 같은 행동을 반복하다 보면 패턴이 생깁니다. 애무도 그렇습니다. 애무에 패턴이 생기면 예측이 가능해져 흥분도가 떨어지게 됩니다. 애무에 패턴이 생기지 않으려면 생각을 바꿔야 합니다. 애무는 상대를 흥분하게 만들기 위한 삽입 섹스 전 준비 단계가 아니라 그 자체로 내가 즐거운, 나를 흥분시키는 탐험 과정으로 인식해야 합니다.

원 포인트 레슨

애무는 상대를 위한 행동이 아니라 자신을 위한 행동입니다. 즉 상대방이 애무를 통해서 오르가슴을 느끼면 나도 같이 오르가슴을 느낄 수 있습니다. 남을 위해 봉사하거나 기부하면 보람을 느끼면서 나도 행복해지고 정신 건강이 좋아지는 것과 같습니다.

13 남성의 로망, 펠라티오

여성이 남성의 페니스를 입으로 애무하는 것을 펠라티오(fellatio), 남성이 여성의 음부를 입으로 애무하는 것을 커닐링구스(cunnilingus)라고 합니다. 이 둘을 합쳐서 오럴섹스라고 하죠. 오럴섹스는 서로 간의 친밀감을 높여주고 흥분이 고조되도록 도와주는 강력한 자극제입니다. 어쩌면 삽입 섹스보다도 훨씬 쾌감이 높고 상대를 흥분시키는 방법일지 모릅니다.

'펠라티오'는 라틴어 '빨다'라는 뜻의 동사에서 유래했습니다. 펠라티오를 싫어하는 남성은 거의 없습니다. 이중의 흥분을 주기 때문이죠. 우선, 상대가 자신의 페니스를 정성껏 물고 빠는 자체가 남성을 흥분시킵니다. 또한 그 행동을 하는 여성의 움직임을 눈으로 보면서 또 다른 성적 쾌감을 느낍니다. 일종의 관음증을 충족하는 것이죠. 이와 함께 여성에게 성행위를 강요하고 있다는 새디즘적 심리와 반대로 여성에게 강간을 당하고 있다고 느끼는 마조히즘적 심리가 뒤섞이며 성적 쾌감이 극대화됩니다.

여성이 펠라티오에 거부감을 갖는 가장 큰 이유는 비위생적이라는 생각에 있습니다. 이런 생각을 갖고 있다면 함께 샤워하며 상대의 몸을 깨끗이 씻어주는 걸 권합니다. 상대의 페니스를 깨끗하게 씻어주면 거부감이 줄어들 것입니다.

그래도 거부감이 사라지지 않는다면 초코 시럽, 꿀, 요거트 등 달콤하게 먹을 수 있는 것을 페니스에 발라보세요. 펠라티오가 훨씬 맛있어지고 재미있어질 테니까요.

펠라티오를 할 때는 남성이 가장 편안한 자세를 취하는 것이 좋은데, 남성이 위를 보고 누운 상태에서 여성이 남성 성기 아래쪽에 엎드리는 자세가 일반적입니다. 남성이 서 있거나 의자에 앉아 있는 상태에서 여성이 그 앞에 무릎을 꿇고 앉는 것도 좋습니다.

남성의 가장 예민한 성감대가 귀두라고 해서 손으로 귀두만 애무하는 것은 잘못된 생각입니다. 손으로 애무하는 건 생각보다 쾌감이 크

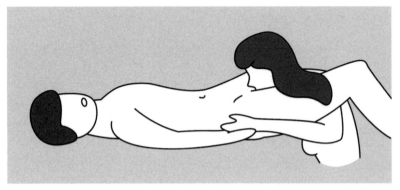

펠라티오 ⓒ림팩스(홍승수)

지 않습니다. 남성은 대부분 여성이 자신의 페니스를 입안에 넣었을 때 쾌감을 느낍니다. 부드러운 데다 따뜻하고 촉촉한 입안의 느낌이 여성의 질과 비슷하기 때문이죠.

그렇다고 단순히 입안에 성기를 넣고 피스톤 운동을 하는 것으로는 부족합니다. 페니스를 입으로 열심히 빨기만 하면 남성은 오히려 통증을 느끼거나 지루해할 수 있어요.

페니스를 입에 넣기 전에 먼저 유두와 성기 주변, 엉덩이를 충분히 애무하는 것이 좋습니다. 또한 페니스는 예민한 부위라 치아가 닿으면 아픕니다. 페니스를 입에 넣을 때 치아에 닿지 않도록 조심해야 합니다.

펠라티오 방법

페니스를 눈으로 보면서 손으로 어루만집니다. 남성은 상대가 자신의 페니스를 봐주는 것만으로도 흥분이 됩니다.

음낭에서 항문으로 이어지는 회음부를 입술이나 손끝으로 천천히 마사지합니다. 항문 주위는 남녀를 불문하고 매우 민감한 성감대여서 그 부분을 자극하면 강한 쾌감을 느끼게 됩니다.

음낭도 한 손이나 양손으로 가볍게 쥐고 주물러줍니다. 고환도 함께 가볍게 주물러주면 좋습니다.

페니스에 가볍게 따뜻한 입김을 불어넣기도 하고, 손으로 부드럽게 만집니다. 페니스 여기저기 입맞춤을 하다 본격적으로 전체를 핥아줍니다. 몸통을 먼저 핥은 후 귀두를 애무합니다.

손가락으로 페니스 아래쪽을 반지 모양으로 감싼 후 페니스를 입안에 넣고 막대사탕처럼 빱니다. 입안에서 혀로 귀두를 이리저리 굴리며 애무하면 좋습니다.

페니스 전체를 입안 깊숙이 넣었다 빼기를 반복합니다. 이때 입술을 살짝 오므리고 페니스를 자극하면 더 좋습니다. 피스톤 운동은 천천히 하다 빠르게 하기를 반복합니다.

입안 깊숙이 페니스를 넣기를 반복하다 보면 헛구역질이 날 수 있습니다. 정상적 반응이므로 크게 걱정할 필요는 없지만 불편하다면 한 손이나 양손으로 페니스 밑동을 잡고 하면 페니스가 입안 깊이 들어가는 것을 막는 완충 작용을 해 구역질을 줄일 수 있습니다.

오랫동안 하다 보면 턱이나 목, 입이 아플 수도 있습니다. 이때는 귀두 정도만 입에 넣고 혀로 핥아주면서 손으로 페니스 몸통을 쥐고 빠르게 위아래로 피스톤 운동을 하는 것도 좋습니다.

펠라티오를 하면서 신음을 내거나 몸이 꿈틀거리는 등 남성이 반응하는 지점과 방법을 찾는 게 중요합니다. 또한 남성에게 어떻게 했을 때가 좋았는지를 직접 물어보는 것도 좋습니다.

원 포인트 레슨

남성이 여성에게 가장 받고 싶은 선물이 펠라티오입니다. 펠라티오를 하는 데는 돈이 들지 않습니다. 돈이 없어도 나이가 많아도 할 수 있는 가장 좋은 선물입니다. 사랑받고 싶으면 펠라티오를 해주세요!

14　　　　　　　　　　　　　**삽입 섹스보다 커닐링구스**

커닐링구스는 라틴어의 cunnus(여성 생식기), lingere(핥다)에서 유래된 말입니다. 남성이 입술과 혀 등으로 여성의 클리토리스와 음부 주변을 자극하는 것을 말합니다.

여성은 삽입 섹스를 통해 오르가슴을 느끼는 경우가 25%에 불과하지만 커닐링구스를 받으면 80%가 오르가슴을 느낀다는 연구 결과도 있습니다. 그 이유는 여성의 성감대를 보면 알 수 있습니다. 여성은 입술 키스에도 질이 젖을 수 있는데, 클리토리스는 입술보다 몇백 배 예민한 성감대입니다. 클리토리스를 자극하는 손쉬운 방법이자 최고의 방법이 커닐링구스입니다.

그런데 많은 여성이 부끄러움 때문에 자신의 은밀한 곳을 보여주기 싫어 하거나 냄새가 날까 봐 커닐링구스를 거부하는 경향이 있습니다. 잘못된 생각이지요. 한번 쾌감을 느껴보면 또 해달라고 할 만큼 적극적이 될 것입니다.

제가 상담했던 한 여성은 먼저 오럴섹스를 해달라고 말하는 게 쑥스러워 수십 년을 고민만 했습니다. 그러다가 어렵게 남편에게 부탁했는데 남편이 오히려 좋아했다고 합니다. 남편은 하고 싶었는데 아내가 오럴섹스에 거부감을 가지고 있는 줄 알았던 거죠. 그날 이후 두 사람은 섹스는 말할 것도 없고, 부부 생활이 한층 즐거워졌습니다.

사실 커닐링구스는 아무하고 스스럼없이 할 수 있는 행위가 아닙니다. 서로에 대한 믿음이 있어야 가능한 애무죠. 여성으로서는 자신의 가장 은밀한 곳을 내보이고, 냄새 맡게 하고, 맛보게 하고, 관찰하게 하는 등 자신을 온전히 내보여야 하기 때문입니다.

남성 역시 마음이 동하지 않는데 커닐링구스를 하기는 어렵습니다. 그래서 커닐링구스를 받으면 자신이 귀한 대접을 받고 있다는 느낌이 듭니다. 남편이 나를 진심으로 사랑하고 있다는 생각이 드는 거죠.

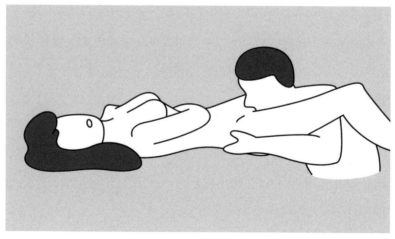

커닐링구스 ⓒ림팩스(홍승수)

남편으로 인해 마음에 남아 있던 상처도 한 번에 싹 사라지게 하는 어마어마한 선물입니다.

그런데 지금까지 커닐링구스를 받지 않다가 갑자기 해달라고 하는 게 민망할 수 있습니다. 자신을 이상한 여자로 생각할까 부담이 될 수도 있고요. 하지만 사실 그 이야기를 들었을 때 '이 여자 뭐야' 하고 생각하는 남성은 거의 없습니다. 오히려 성욕이 자극됩니다. 남성들은 좋으면 좋지 싫어할 이유가 없습니다.

그래도 쑥스럽다면 행동으로 유도해 보세요. 평소 남편이 가슴만 찔끔 애무하다 곧바로 삽입하는 스타일이었다면, 남편이 가슴을 어느 정도 애무했을 때 손으로 가볍게 남편의 머리를 아래로 밀어 내려보세요. 그러면 남편은 저절로 배꼽을 애무하게 됩니다. 이때 가벼운 신음을 내며 남편의 머리를 가볍게 좀 더 밑으로 내리면서 다리를 벌리세요 그러면 남편은 자연스럽게 커닐링구스를 하고 싶은 생각이 들게 됩니다.

남편이 애무를 전혀 하지 않는 스타일이라면 먼저 펠라티오를 해주다가 자연스럽게 69자세를 취해 보세요. 자연스럽게 아내의 성기가 눈앞에서 어른거리는데 이를 외면할 남성은 없습니다. 그렇게 커닐링구스를 인지시켜 주면 자연스럽게 남편이 계속 커닐링구스를 해주게 될 것입니다.

왜냐면 포르노에 매번 나오는 것이 커닐링구스입니다. 그래서 이걸 많이 본 남성은 거부감이 거의 없고 해보고 싶은 호기심이 많습니다. 오히려 포르노를 거의 본 적이 없는 여성이 거부감이 있는 거죠.

커닐링구스에도 순서가 있습니다.

우선 남편의 손톱을 잘라주고 수염도 깨끗하게 밀어줍니다. 여성의 외음부는 약한 부위라 작은 자극에도 쉽게 상처가 날 수 있으니까요.

남편이 커닐링구스를 편안하게 할 수 있도록 자신의 엉덩이 밑에 베개를 두어 외음부의 높이를 높여주거나 침대 끝에 누워 남편이 침대 아래로 내려가 애무하게 하면 좋습니다. 다리를 벌려야 외음부와 클리토리스가 보입니다.

많은 남성이 커닐링구스를 클리토리스를 애무하는 것으로 알고 있습니다. 성감이 집중되어 있으니 거기만 집중해서 공략하면 여성이 좋아할 거라고 착각하는 거죠. 남편이 클리토리스에 집중하려고 한다면 손으로 남편의 뺨을 어루만지면서 "거기에 키스해 줘"라고 말한다든지 해서 외음부를 중심으로 핥아주도록 유도합니다. 남편이 대음순과 소음순, 질 입구를 충분히 애무한 후 질 안이 충분히 젖으면 그때 클리토리스를 공략할 수 있도록 리드합니다.

남편이 커닐링구스에 익숙하지 않다면 신음의 강약으로 의사 표현을 하는 게 좋습니다. 남성은 여성의 신음에 곧바로 반응하기 때문입니다. 이렇게 하다 보면 남편도 금세 커닐링구스의 맛에 빠져들게 될 것입니다.

커닐링구스를 할 때 주의점이 있는데, 질염이 있으면 안 됩니다. 그러니 우리가 입에서 냄새가 나는지 확인하고 이를 깨끗이 닦고 치과에서 스케일링을 받는 것처럼 항상 질 건강에 신경을 써야 합니다.

성관계 전에 음핵과 소음순 주위를 꼼꼼하게 잘 씻는 것은 물론이고 평소에도 규칙적으로 손을 깨끗이 씻고 자신의 질에 넣어서 냄새가 나지는 않는지, 냉이 심하지 않은지 확인해야 합니다. 만약 이상이 있으면 바로바로 산부인과를 찾아 질염 치료를 받아야 하고요. 특히 질에서 생선 비린내가 나면 남성은 다시는 커닐링구스를 하지 않으려 할 테니 이 점을 반드시 주의하세요.

원 포인트 레슨

커닐링구스는 나이와 상관없이, 임신의 염려 없이, 발기 여부와 관계없이 여성이 오르가슴을 느낄 수 있는 유일한 테크닉입니다. 일단 시작해 보세요. 클리토리스가 요동치고 질이 꿈틀대고 허리가 활처럼 휘어지면서 머릿속이 희열로 가득 찰 테니까요.

15 커닐링구스 하다 발기가 죽는다면

남성 중에는 커닐링구스를 싫어하거나, 해도 길게 하지 않는 경우가 있습니다. '냄새가 나서' '비위가 약해서' 등의 이유도 있지만 가장 큰 이유는 커닐링구스를 하다 보면 발기가 죽기 때문입니다.

커닐링구스를 하다 페니스가 죽은 뒤 다시 발기가 안 되면 많은 여성이 남성을 배려한다며 "난 충분히 느꼈어"라며 섹스를 끝냅니다. 그래선 절대 안 됩니다. 그러면 남성은 다음부터는 절대 커닐링구스를 하지 않으려고 할 것입니다. 힘이 들더라도 페니스를 다시 발기시켜 삽입 섹스까지 할 수 있도록 도와주어야 합니다.

페니스가 다시 발기해서 질 속의 변화된 느낌을 경험하고 확인해야 남성은 앞으로도 커닐링구스를 계속하게 됩니다.

또한 커닐링구스를 하다 발기가 죽더라도 아내의 도움으로 다시 발기할 수 있다는 확신이 생겨 자신감을 갖게 됩니다. 죽은 페니스를 살릴 줄 알아야 남성은 편안하게 여성의 질이 꿈틀거릴 때까지 커닐링구스를 할 수 있습니다.

그런데 한번 발기했다가 죽은 페니스가 다시 발기하기는 쉽지 않습니다. 무조건 입으로 페니스를 빨기만 한다고 해서 쉽게 발기가 이뤄지지는 않습니다.

다시 발기를 시키려면 먼저 고환을 입으로 부드럽게 무세요. 그러면 입안의 따뜻한 기운이 고환을 통해 페니스 몸체로 퍼지면서 페니스가 반응합니다.

이 상태에서 손으로 허벅지나 사타구니 등 페니스 주변을 부드럽게 쓰다듬어주세요. 이때 "사랑해"라고 말하고, 사랑스러운 표정과 행동을 보여주세요. 이것이 죽은 페니스를 살리는 최고의 최음제입니다.

페니스가 꿈틀거리기 시작하면 혀로 페니스를 아래에서 위로 핥아 올라가면서 애무합니다. 이어서 페니스 귀두를 입에 넣고 손으로 페니스 몸체를 천천히 부드럽게 위아래로 자극합니다. 이때 발기가 되었다고 해서 서둘러 삽입하게 하면 안 됩니다. 에너지가 완전히 충전될 수 있도록 좀 더 애무하는 게 좋습니다.

원 포인트 레슨

남성이 커닐링구스를 하다 발기가 죽더라도 정성 들여 애무하면 대부분 다시 발기합니다. 69 체위를 하는 것도 좋고요. 하지만 발기가 되지 않거나, 중간에 다시 죽는다면 비아그라와 같은 발기촉진제를 복용하는 것도 방법입니다. 평소 함께 등산을 다니는 것도 페니스의 혈액순환을 강화시켜 발기력 향상에 도움이 됩니다.

16   69 체위의 매력

'69 체위'는 성행위를 하는 남녀의 머리와 몸을 단순화한 모양이 아라비아 숫자 69와 흡사해서 붙여진 이름입니다. 여성은 남성의 페니스를, 남성은 여성의 음부를 동시에 입으로 애무해 준다는 점에서 가장 섹시한 애무라 할 수 있습니다.

또한 어느 한쪽만 만족하고 다른 한쪽은 불만족한 상태가 아닌, 두 사람이 동시에 만족할 수 있어 성적으로 평등한 애무라 할 수 있습니다. 만일 남성이 평소에 커닐링구스를 해주지 않는다면, 이 체위를 유도해 동시에 서로 오럴섹스를 주고받을 수 있습니다.

방법은 한 사람이 다른 사람 위에 올라타거나, 나란히 옆으로 눕습니다. 보통은 여성이 남성의 위로 올라가는데, 그렇게 하면 여성이 입안에 넣는 페니스 깊이를 조절하는 게 쉬워져 펠라티오가 용이해집니다.

'69 체위'는 애무가 성기에 집중되므로 애무의 강도가 매우 강합니다. 따라서 애무 초반보다는 한창 무르익어 삽입 섹스로 전환하기 직전에 하면 좋습니다. 또한 삽입 섹스 중에 체위를 바꿀 때 전환의 의미로

하는 것도 좋습니다.

'69 체위'는 가장 손쉽게 남녀가 동시에 오르가슴에 오를 수 있는 방법이기도 합니다. 어느 한쪽만 느끼고 다른 쪽이 못 느꼈을 경우 속도 조절이 가능하니까요. 69 체위를 하다 여성이 오르가슴을 느끼게 될 때 삽입 섹스로 들어가면 동시에 오르가슴을 맛볼 수 있습니다. 물론 69 체위 자체로도 오르가슴에 도달할 수 있습니다.

'69 체위'는 동시에 성적 흥분을 맛볼 수 있는 장점이 있으나, 집중이 안 되어서 오히려 싫어하는 사람도 있습니다. 오럴 애무의 느낌을 제대로 느끼려면 69 체위 자세는 유지한 상태에서 번갈아가며 하기를 권합니다. 아무래도 상대의 성기를 애무할 때는 어떻게 해줄지에 집중하다 정작 상대가 나에게 해주는 애무의 느낌을 온전히 느끼기가 어려우니까요.

한 사람이 오럴 애무를 할 때 받는 사람은 눈앞에 펼쳐진 상대의 성기를 감상하거나 유두나 페니스를 손으로 자극하면 상대방이 이것만으로도 성적으로 흥분할 수 있습니다. 터치하는 정도에 머물면 시각적으로도 성적 흥분을 한껏 끌어올릴 수 있고, 상대가 해주는 애무의 느낌을 온전히 즐길 수 있습니다.

원 포인트 레슨

남녀관계에서 가장 공평한 체위가 69 체위입니다. 서로 상대를 애무할 수 있고 애무받을 수 있으니까요. 서로 같은 시간에 한쪽이 더한 것도 아니고, 덜한 것도 아닌 상태이니까, 평등하고 공평하게 사랑하고 사랑받을 수 있습니다.

17　체위란

힌두교 성전 『카마수트라』와 도교 방중술인 『소녀경』을 비롯해 지금도 수많은 성 관련 서적이 나옵니다. 여기에 나온 체위를 합하면 300가지가 훌쩍 넘습니다. 어떤 책은 365일 다른 체위를 설명하기도 합니다. 그만큼 많은 체위가 있습니다.

왜 이렇게 많은 체위가 필요할까요?

인간은 사랑을 표현하는 행위로 섹스를 합니다. 그리고 함께 희열을 맛보기 위해 섹스를 합니다. 그 과정에서 성적 자극을 가장 많이 받고 가장 큰 쾌감을 느끼는 방법을 찾기 위해 노력해 왔는데, 그 방법이 바로 체위입니다. 성적으로 자극되는 부위와 정도는 어떤 체위를 하느냐에 따라 달라집니다.

남성은 사정이 곧 오르가슴이니까 어떤 식으로든 사정만 하면 됩니다. 여성도 클리토리스와 G스폿만 자극하면 오르가슴에 오를 수 있습니다. 그게 뭐 어렵냐고 할 수 있습니다.

하지만 생각해 보세요. 남성마다 페니스 길이나 굵기, 휘어진 정도가 다릅니다. 여성도 질의 길이나 각도가 다릅니다. 그래서 속궁합 이야기가 나오는 것이고, 커플마다 오르가슴을 느끼는 체위가 다른 것입니다.

심지어 같은 남녀가 같은 체위로 섹스를 해도 어떤 땐 느꼈다가 어떤 땐 못 느낄 수 있습니다. 몸 상태와 기분에 따라 오르가슴에 오르는 방법이 다른 것입니다. 체위가 더 다양해질 수밖에 없는 이유죠. 즉 체위를 알아야 하는 이유는 오르가슴에 가장 잘 오를 수 있는 자신들만의 체위를 발견하는 것입니다.

체위는 남성 상위, 여성 상위, 좌위, 입위, 측위, 후배위 등 여섯 가지를 기본으로 수많은 변형이 이뤄집니다. 다리를 벌리거나 오므리거나, 무릎을 꿇거나 굽히거나 펴거나, 남성이 리드하거나 여성이 리드하거나, 오른쪽에서 접근하거나 왼쪽에서 접근하는 등 변형이 가능합니다.

섹스 패턴이 늘 똑같으면 즐거움도 줄어듭니다. 또한 나이가 들면서, 몸의 체형이 변화하면서, 심리 상태에 따라서 오르가슴을 느끼는 체위가 달라집니다. 그에 맞춰 두 사람만의 체위를 개발해 함께 즐길 수 있어야 합니다.

그러기 위해서는 여러 체위를 실험하며 지금 오르가슴에 가장 잘 오르는 체위를 함께 찾아야 합니다. 다양한 체위를 테스트하면서 오르가슴에 잘 오르는지, 시간은 얼마나 걸리는지를 체크합니다.

이렇게 여러 가지 체위를 해보는 것도 성생활에 재미와 즐거움을 줍니다. 중요한 것은 서로 간의 배려와 사랑입니다. 마음의 문을 열고 상대방을 배려하면서 탐색해야 합니다.

그렇게 해서 여성이 오르가슴을 느끼는 체위를 발견했다면, 부부가 함께 즐거운 체위를 발견했다면 당분간은 그 체위 중심으로 섹스를 하면 즐거운 섹스, 맛있는 섹스가 될 것입니다. 그러니 매일 밤 자신들에게 맞는 체위가 어떤 것인지 테스트해 보시기 바랍니다.

불행하게도 우리나라 부부들은 서로 어떤 체위가 좋은지 묻는 경우가 드뭅니다. 상대방이 좋아하는 체위를 적극적으로 묻는 용기가 필요합니다.

원 포인트 레슨

『카마수트라』나 『소녀경』에 왜 그렇게 많은 체위가 있을까요? 남성과 여성의 성기 크기와 모양이 다르고, 오르가슴을 느끼는 체위가 다르기 때문입니다. 만약 남녀가 어떤 한 가지 체위로 매번 오르가슴에 올랐다면 두 사람은 그 체위만으로도 평생 즐겁게 살 수 있습니다. 또한 권태를 잘 느끼는 남성과 여성이라면 여러 가지 체위를 시도하면서 지루함을 벗어나거나 다양한 성적 즐거움을 찾을 수 있습니다.

18   가장 일반적인 '남성 상위'

가장 흔히 하는 체위로 '정상위'라고도 합니다. 여성이 위를 보며 누우면 그 위로 남성이 여성을 바라보고 엎드려 삽입하는 방식입니다.

가장 큰 장점은 서로 끌어안을 수 있고 몸의 가장 많은 부위를 접촉할 수 있다는 점입니다. 많은 사람이 이 체위를 선호하는 이유죠. 서로 얼굴을 마주 보고 하기 때문에 감정을 가장 잘 공유할 수 있습니다.

여기에 더해 남성은 피스톤 운동의 속도와 강도를 자신이 조절할 수 있고, 여성은 그냥 누워만 있으면 되니까 편한 점도 있습니다. 남성이 여성을 지배한다는 느낌 때문에 남성들은 이 체위에서 사정하는 것을 가장 선호합니다.

하지만 남녀 모두 성적 만족도가 떨어지는 체위이기도 합니다. 우선 페니스가 위에서 사선으로 내려오며 삽입되기 때문에 페니스로 G스폿이나 클리토리스를 자극하는 게 힘듭니다. 따라서 여성이 클리토리스 오르가슴이나 질 오르가슴을 경험하는 게 쉽지 않습니다.

또한 남성이 여성을 애무하기가 어렵습니다. 남성의 몸이 여성의 몸

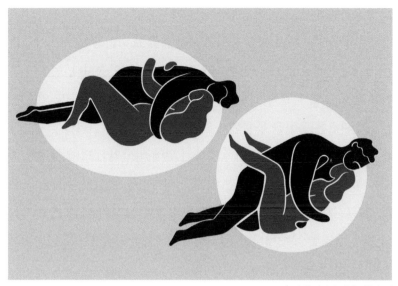

남성 상위 ©림팩스(홍승수)

위로 무너지지 않으려면 양손으로 바닥을 지탱해야 하고, 피스톤 운
동을 하려면 두 다리 역시 바닥을 지지하고 있어야 하기 때문입니다.

이런 단점을 극복할 수 있는 변형 체위는 남성이 무릎을 꿇고 상체
를 세운 상태로 삽입하는 것입니다. 이렇게 하면 남성이 몸을 지탱하
기 위해 팔을 쓰지 않아도 돼 힘이 덜 들고, 피스톤 운동의 속도와 리
듬을 통제하기가 용이하고, 삽입의 각도와 깊이를 바꾸기에 편해집니
다. 또한 남성의 페니스 삽입 각도가 G스폿 부위를 자극하기가 용이
해지고, 더 깊이 삽입할 수 있습니다.

무엇보다 손을 자유롭게 사용할 수 있어 클리토리스나 유두 등을 애
무할 수 있습니다. 여성도 자신의 손으로 클리토리스를 자극할 수 있

어 오르가슴에 오르는 데 도움이 됩니다.

　여성이 하늘을 보며 눕고 남성이 무릎을 꿇고 허리를 세우고 삽입하는 자세를 기본으로 더 다양한 체위로 응용할 수 있습니다. 여성이 다리를 옆으로 넓게 활짝 벌릴 수도 있고, 위로 들어 올릴 수도 있으며, 남성의 피스톤 운동을 통제하기 위해 다리로 남성의 허리나 엉덩이를 감쌀 수도 있습니다. 더 깊게 삽입하기 위해 여성의 엉덩이 아래에 베개를 놓으면 좋습니다. 최대한 깊게 삽입하려면 여성이 무릎을 구부려 자신의 가슴 가까이 최대한 끌어올리거나, 남성의 어깨 위에 자신의 발을 올려놓으면 됩니다. 남성이 몸을 앞으로 기울이면 클리토리스에 더 많은 자극을 줄 수 있습니다.

　중요한 것은 어떤 체위든 피스톤 운동은 왕복 운동이 아니라 마찰 운동이어야 한다는 것입니다. 질 안에 페니스를 넣은 채 단순히 몸을 위아래로 움직이는 것은 별 의미가 없습니다. 다양한 방식으로 페니스의 뿌리가 클리토리스를 압박하게 하고, 귀두가 질 내벽을 마찰하도록 허리와 골반을 움직여야 합니다.

원 포인트 레슨

　남성이 가장 좋아하는 체위이고, 여성 또한 편하게 누워 있으면 되는 체위입니다. 이때 여성이 가만히 있기보다는 한 손으로 남성의 유두를 자극하면 남성으로 하여금 오르가슴에 빨리 도달하게 할 수 있습니다. 다른 한 손으로 남성의 고환을 자극하는 것도 좋습니다.

19 　　　　　　　　　　　　　만족감이 높은 '여성 상위'

　남성 상위와는 반대로 남성이 위를 보고 누우면 여성이 무릎을 꿇고 남성 배 위에 올라타는 체위입니다. 남성의 어깨나 가슴 근처를 손으로 짚고 몸을 앞으로 기울이거나 말을 탄 듯이 허리를 수직으로 편 채 페니스를 질 안에 삽입하고 움직이면 됩니다. 허리를 약간 뒤로 젖힌 채 팔을 뒤로 해 남성의 허벅지를 짚고 몸을 지탱하면서 움직이는 자세도 가능합니다.

　가장 큰 장점은 남녀 모두 손이 자유롭다는 것입니다. 삽입 섹스를 하면서 손으로 서로의 몸을 애무할 수 있어 쾌감을 더할 수 있습니다. 특히 두 사람 모두 여성의 클리토리스를 애무할 수 있어 여성이 오르가슴을 느끼는 데 용이합니다.

　남성이 이 체위를 선호하는 것은 여성의 가슴과 몸매, 음부 부분을 훤히 볼 수 있는 것은 물론 여성의 흥분된 표정까지 볼 수 있기 때문입니다. 또한 여성이 위에서 자신을 누르고 즐기는 모습을 보며 지배당하고 있다는 느낌에 성감이 고조됩니다. 물론 이런 기분이 싫어 여성 상위를 싫어하는 남성도 있지만요.

이 체위는 남성에게 편안하고 행복한 체위입니다. 그저 편히 쉬면서 두 손으로 상대의 가슴, 엉덩이, 허벅지 등을 마음껏 애무하면 됩니다. 그래서 남성 상위보다 만족감이 훨씬 높습니다. 쉬듯이 섹스를 즐기다 마지막은 남성 상위로 마무리하려는 남성이 많습니다. 무엇보다 정상위보다 오래 할 수 있다는 게 장점입니다.

여성이 이 체위를 선호하는 이유는 클리토리스와 G스폿을 비롯해 자신의 성감대를 가장 잘 자극할 수 있도록 피스톤 운동의 속도와 삽입의 각도, 깊이를 조절하고 골반을 자유자재로 움직일 수 있기 때문입니다.

일부 여성은 자신의 몸매를 적나라하게 보이는 게 부끄러워 이 체위를 피하는데, 자신에게 오르가슴도 선사하고 남녀가 동시에 오르가슴에 오를 수 있는 이 체위를 피할 이유가 될까요?

여성 상위 ©림팩스(홍승수)

여성 상위는 다양한 자세로 변화를 주는 게 가능하고, 그 변형된 체위마다 느낌도 다릅니다.

우선, 남성이 다리를 약간만 벌린 채로 있고 여성이 그 위에 마주 보고 엎드리는 체위가 가능합니다. 두 사람의 골반을 딱 맞춘 채로 남성이 페니스를 삽입합니다. 여성이 자신의 몸을 남성의 몸에 한껏 기울인 채 손바닥에 체중을 싣고 천천히 상하로 움직입니다. 두 사람의 골반이 가장 밀착된 상태여서 클리토리스가 자극받아 오르가슴에 도달하기 쉽습니다. 남성이 여성의 엉덩이를 잡고 움직임을 도와주면 좋습니다. 마찰하는 속도나 강도는 여성이 정합니다.

두 번째로 남성의 얼굴 쪽에 등을 보이고 하는 체위가 있습니다. 남성은 여성의 갈라진 엉덩이 사이로 자신의 페니스가 질 안을 들락거리는 게 보여 자극적입니다. 조심할 점은 이 자세에서 여성이 갑자기 몸을 앞으로 확 숙이면 페니스가 꺾이면서 페니스 근육이 다칠 수 있습니다. 숙이려면 천천히 숙여야 합니다. 여성이 몸을 뒤(남성 얼굴 쪽)로 기대면 여성이 삽입 속도와 깊이를 조절하기가 쉬울 뿐 아니라 페니스가 G스폿을 강하게 자극하게 돼 오르가슴을 느끼기 쉬워집니다. 남성은 여성의 엉덩이를 꽉 잡고 피스톤 운동을 돕는 게 좋습니다.

원 포인트 레슨

여성이 오르가슴에 오르기 가장 좋은 체위는 뭐니 뭐니 해도 여성 상위입니다. 조루가 있는 남성들도 선호하는 체위죠. 남성 중에는 호불호가 있습니다만 여성 상위를 싫어하는 남성조차 피곤한 날엔 여성 상위를 선호합니다.

20   남성들이 선호하는 '후배위'

여성이 손바닥이나 팔꿈치, 무릎을 바닥에 대고 엎드린 채 다리를 벌리면 남성이 여성의 엉덩이 쪽에서 페니스를 질 안으로 삽입하는 체위입니다.

남성은 여성의 허리를 잡고 자신의 허리를 뒤로 젖히거나, 여성의 등에 밀착해서 젖가슴을 끌어안는 자세를 취합니다. 남성이 페니스를 질 안에 삽입하고 몸을 좌우로 흔들면 삽입 정도가 더욱 깊어집니다.

이 체위는 남성이 허리와 팔을 동시에 사용할 수 있어 좀 더 강한 피스톤 운동이 가능합니다. 모든 체위 중 페니스를 가장 깊이 삽입할 수 있는 체위이기도 합니다. 이때 너무 격렬하게 피스톤 운동을 하면 여성이 아플 수 있습니다. 이때는 여성이 손으로 남성을 밀어가면서 강도를 조절하는 게 좋습니다.

여성은 허리를 펴거나 구부리면서 골반 경사를 조절할 수 있고, 팔꿈치 밑에 요를 놓거나 베개 위에 이마를 얹으면 좀 더 편한 자세로 섹스를 즐길 수 있습니다. 남성은 손이 자유로워 여성의 클리토리스·유

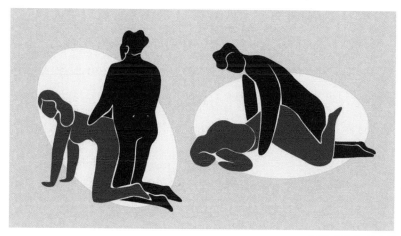

후배위 ⓒ림팩스(홍승수)

방·엉덩이를 애무할 수 있고, 여성도 엎드린 상태에서 손으로 자신의 클리토리스를 자유롭게 자극할 수 있습니다.

남성들이 가장 선호하는 체위이기도 합니다. 여성의 풍만한 엉덩이 곡선이 잘 드러나 시각적으로 성욕을 높여줄 뿐 아니라, 페니스에 강한 마찰감을 주기 때문입니다.

또한 뒤에서 공략하는 자세가 정복감을 안겨줍니다. 원시시대 이래로 사냥에 집중해 온 남성의 공격성 DNA가 가장 잘 발현되는 체위라 할 수 있습니다. 공격이나 제압보다는 교류와 공감을 중시하는 여성으로서는 이해하기 어려운 감정일 수 있지만 남성들의 심리는 그렇습니다. 공감하든 안 하든 이런 심리를 알면 적절히 활용할 수도 있습니다. 예를 들어 마음이 여린 남성, 스트레스가 많거나 의기소침한 남성, 배가 많이 나온 남성, 무릎이 안 좋은 남성에게 이 체위를 유도하면 기를 높여주는 효과가 있습니다.

이 체위는 눈을 마주 보며 소통하기 어려운 체위여서 친밀감이 떨어지기 때문에 여성들은 그다지 선호하지 않는 경향이 있죠. 동물들이 하는 체위 같기도 하고, 항문성교와 비슷한 것 같기도 하고요. 특히 강제로 섹스를 당하는 듯한 느낌이 들어 거부감이 들기도 하는데, 오히려 거기에서 오는 묘한 쾌감도 무시할 수 없습니다.

이 체위의 가장 큰 단점은 여성이 수동적이 되고, 삽입 각도상 클리토리스 자극이 거의 불가능하다는 것입니다. 이 문제는 작은 변형만으로 해소할 수 있습니다. 예를 들어 남성이 피스톤 운동을 할 때 엉덩이의 각도와 위치에 변형을 주면 자신이 원하는 대로 좀 더 강한 자극을 만들 수 있습니다. 또한 클리토리스 오르가슴을 느끼고 싶다면 이마를 베개에 대고 자유로워진 손으로 남성이 피스톤 운동을 할 때 클리토리스를 직접 자극하면 됩니다.

이외에도 양팔을 좌우나 머리 위로 벌린 상태에서 바닥에 얼굴과 상체를 최대한 밀착시키고 엉덩이를 한껏 하늘로 들어 올리면 좀 더 편안하게 엎드린 상태에서 쾌감을 즐길 수 있습니다. 또한 남녀가 모두 엎드려 살과 살이 맞닿는 부위(남성의 배와 여성의 등)를 최대한 넓히면 힘들지 않고 편안하게 섹스할 수 있고, 성감도 높아집니다.

원 포인트 레슨

여성의 질이 후굴인 경우 후배위가 오르가슴을 느끼기 쉽습니다. 또한 배가 많이 나온 남성의 경우 후배위를 선호합니다. 힘이 가장 덜 듭니다.

21   오르가슴을 느끼고 싶다면 '좌위'

말 그대로 앉아서 하는 체위입니다. 남성이 하늘을 보고 누운 상태에서 여성이 남성의 허리 부근 위로 올라가 질 안에 페니스를 삽입합니다. 그 상태에서 남성이 상체를 일으키면 여성이 남성의 다리 위에 올라타 있고, 다리로 남성의 엉덩이를 감싼 채 서로 얼굴을 마주 보고 안고 있는 상태가 됩니다. 이게 좌위 체위입니다.

침대 위는 물론 욕조나 자동차, 의자나 소파에서도 이 체위로 섹스가 가능합니다. 삽입 상태에서 포옹하고 키스하고 상반신을 만질 수 있으며 서로 눈을 들여다볼 수 있는 게 장점이죠.

이 자세를 취하면 여성의 질이 넓어져서 페니스가 강하고 깊게 삽입될 수 있습니다. 또한 여성이 골반을 자유스럽게 움직일 수 있어 섹스를 주도할 수 있습니다.

무엇보다 클리토리스와 G스폿 부위에 자극을 가하기가 쉬워 여성이 오르가슴에 오르기 가장 용이한 체위로 손꼽힙니다. 많은 성 전문가들이 오르가슴을 느끼지 못하는 여성에게 이 체위를 추천하는 이유입니다.

　여성이 손으로 남성을 껴안은 상태에서 엉덩이를 위아래로 움직이면서 피스톤 운동을 할 수도 있고, 맷돌이 돌아가듯이 전후좌우로 허리와 골반을 움직이면서 페니스를 자극할 수도 있습니다. 이때 남성은 손으로 여성의 엉덩이를 잡고 디딜방아를 찧거나 맷돌을 돌리듯이 하면서 여성의 움직임을 도와주면 좋습니다.

　이렇게 하면 남성의 페니스가 여성의 클리토리스와 G스폿을 마찰하게 돼 여성이 오르가슴에 가까워집니다. 오르가슴 에너지가 등줄기

좌위 ⓒ림팩스(홍승수)

를 타고 정수리까지 올라가게 되는데 이때 질은 찌릿찌릿하고 머리가 혼미해집니다.

좌위 체위는 남녀의 키나 몸무게와 상관없이 쉽게 할 수 있고, 다른 체위에 비해 남녀 모두 체력 소모가 크지 않게 즐길 수 있습니다. 특히 몸이 약한 여성들, 근력이 약하거나 폐활량이 적은 여성도 오르가슴에 오를 때까지 버틸 수 있습니다.

원 포인트 레슨

카섹스를 할 때 하게 되는 체위가 좌위입니다. 완전히 밀착한 상태에서 음핵과 G스폿을 자극하기 쉬워 여성이 힘들이지 않고 오르가슴에 오를 수 있습니다.

22   음핵과 G스폿을 동시에 자극 'CAT 체위'

음핵과 G스폿을 동시에 가장 잘 자극할 수 있는 체위는 무엇일까요? 제 생각에는 CAT 체위가 아닐까 합니다.

CAT 체위는 고양이 체위가 아니라 Coital Alignment Technique, 즉 성기 정렬 기법으로 에드워드 에이첼이 고안한 체위입니다. 남녀의 두 성기가 완벽히 밀착하기 때문에 남녀가 동시에 쉽게 오르가슴에 오를 수 있다고 합니다. 그래서 이 체위를 꼭 익혀두기 바랍니다.

보통의 삽입 섹스는 남성이 여성의 질 속에서 피스톤 운동, 즉 넣었다 뺐다(In and Out or Push and Pull) 하는 것인데, 해부학적으로 접근하면 이런 피스톤 운동으로는 페니스가 클리토리스와 G스폿을 자극하는 게 쉽지 않습니다.

이에 비해 CAT 체위는 페니스가 위아래로 올라갔다 내려갔다(Up and Down) 하는 방식이어서 페니스 귀두가 질과 G스폿을 문지르고, 페니스 뿌리가 클리토리스를 자극해서 여성이 오르가슴에 도달하기 쉽습니다. 즉 삽입해서 완전히 밀착한 상태로 문질러야 페니스와 클리

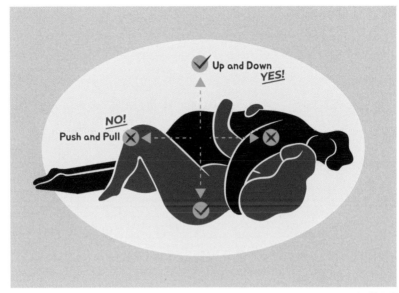

CAT 체위 ©림팩스(홍승수)

토리스, G스폿이 어느 정도의 압력과 강도로 자극이 됩니다.

남성이 빠르게 넣었다 빼기를 하면 사정이 빨라질 수 있는데 CAT 체위는 이런 피스톤 운동이 아니라 밀착한 상태에서 문지르기 때문에 남성의 사정 시간이 길어져서 여성이 오르가슴에 도달하기에 더 좋습니다.

조금 자세하게 설명하자면 CAT 체위는 다음과 같습니다.

❶ 먼저 충분한 전희 과정을 가집니다.

❷ 남성 상위 체위로 남성은 두 다리를 여성의 다리 사이에 넣고, 팔꿈치로 상체를 지탱하는 자세를 취합니다.

❸ 페니스 뿌리가 질 입구와 같은 위치(대략 남성 엉덩이가 여성의 엉덩이보다 5cm 정도 아래로 맞춘 상태)에서 페니스를 질 안에 삽입합니다. 그러면 페니스가 아래에서 위로 향하기 때문에 여성의 질 앞쪽에 있는 G스폿 부위를 자극하기 쉽습니다. 이것이 가장 중요한 포인트입니다.

❹ 여성이 두 손으로 남성의 엉덩이를 잡아당기면 남성의 페니스가 여성의 질에 완전히 밀착합니다. 그러면 페니스 뿌리 부분에 클리토리스가 마찰하면서 클리토리스와 G스폿이 자극을 받게 됩니다.

❺ 남성은 팔꿈치로 지탱하던 상체를 가볍게 여성의 가슴 위에 얹습니다. 여성은 두 다리를 꼬아서 남성의 다리를 감쌉니다. 그렇게 하면 남녀의 몸은 머리에서 다리까지 빈틈없이 밀착되어 완전히 한 몸이 됩니다.

❻ 이 상태에서 남성이 골반을 아래를 향해 수직으로 천천히 내리면 남자의 페니스가 여성의 질에 압박감을 줍니다. 두 몸이 밀착된 상태에서 시소처럼 움직이면 클리토리스와 G스폿이 페니스 뿌리 부분과 페니스 몸체에 의해 압박과 자극을 받게 됩니다.

❼ ⑥의 운동을 반복합니다. 이때 남녀의 몸, 특히 음모 부위가 떨어지면 절대 안 됩니다. 두 몸이 밀착한 상태를 유지하면서 문지르듯이 움직입니다. 여성은 남성의 골반 움직임을 방해하지 않도록 엉덩이와 허벅지를 잘 유지합니다.

이 체위는 완전히 밀착한 상태에서 위아래로 움직이며 여성이 좋아하는 리듬을 찾는 과정이 중요합니다. 빨리하면 절대로 안 되고 천천히 통제된 속도로 그 리듬을 찾아가야 합니다.

사실 클리토리스 오르가슴은 여성 자신이 직접 손으로 자극하는 것이 가장 쉽습니다. 하지만 삽입 섹스 과정에서 페니스 뿌리와 몸체로 클리토리스와 G스폿을 자극받는 것은 자위와는 확연히 다른 느낌을 줍니다.

또한 여성 상위 체위에서 여성이 남성 쪽으로 몸을 깊숙이 숙일 때도 클리토리스가 페니스 뿌리 부분에 닿아 마찰에 의한 오르가슴이 가능합니다. 하지만 CAT 체위는 남녀가 온몸을 밀착하기 때문에 여성 상위 체위보다 더 큰 정서적 만족감을 느낄 수 있습니다. 무엇보다 남성과 여성 모두 다른 체위에 비해 힘을 덜 들이면서 오르가슴에 도달할 수 있다는 것이 가장 큰 장점입니다.

원 포인트 레슨

CAT 체위는 여성 상위와 마찬가지로 남녀가 동시 오르가슴에 오를 수 있는 방법입니다. 하지만 이 체위가 쉽지는 않으니까 많은 연습이 필요합니다. 가장 중요한 포인트는 남성이 여성보다 약간 아래에 위치하면서 아래에서 페니스가 클리토리스와 G스폿을 자극한다는 것과 페니스와 질이 완전히 밀착한 상태에서 문질러야 한다는 것입니다.

Part 3

명기의 조건

01 명기 급수 테스트

명기를 꿈꾸는 여성이라면 누구나 자신이 어떤 상태인지 객관적으로 평가받고 싶어 합니다. 명기인지 아닌지 어떻게 평가할 수 있을까요?

우선 육체적 조건이 있습니다.

1. 질압

페니스가 들어갔을 때 꽉 무는 힘의 정도가 질압입니다. 명기가 되는 조건 중에 가장 중요한 것이 질압입니다. 질압은 케겔운동을 통해 올릴 수 있습니다. 하지만 질이 너무 넓을 경우 케겔운동만으로 올리기 어렵습니다.

2. 질 넓이

질의 크기와 페니스의 크기가 맞아야 맞춤옷을 입은 것처럼 꽉 찬 느낌을 가질 수 있습니다. 따라서 속궁합에는 질의 넓이가 중요합니다.

파트너와 성관계를 했을 때 넓거나 좁으면 만족감이 떨어지기 때문입니다. 하지만 질의 탄력이 좋으면 남자는 질이 좁을수록 좋아합니다. 반면 질의 탄력이 좋지 않으면 꼭 공식대로 되지 않습니다.

3. 질 수축시간
페니스가 들어갔을 때 꽉 무는 시간을 의미합니다. 질 수축 시간이 길면 좋습니다. 이것도 케겔운동을 통해 늘릴 수 있습니다.

4. 질의 탄력
나이가 들면 질의 탄력이 떨어집니다. 어린 송아지 고기와 나이 든 소의 고기가 탄력이나 질감이 다른 것과 같은 이치입니다. 질의 탄력에는 수분, 섬유질, 콜라겐 등이 관여합니다. 그래서 질의 회춘술이 필요합니다.

5. 질 주름
여성의 질에는 지렁이 같은 주름이 있습니다. 나이가 젊으면 주름이 많고, 나이가 들면 주름이 없어지면서 질이 편편해집니다. 여기엔 에스트로겐이 관여합니다. 그래서 질에 주름이 없을 경우 에스트로겐 치료와 질 필러가 도움이 됩니다.

6. 질 애액
젊었을 때는 팬티에 냉 같은 것이 잘 묻지만 폐경이 되면 팬티를 머칠씩 입어도 뽀송뽀송합니다. 그것은 좋은 증상이 아니라 늙어가는 증거입니다. 마치 젊었을 때 남자들에게 고리고리한 냄새가 나다가 노인이 되면 그런 냄새가 없어지는 것과 같습니다. 질 애액도 마찬가지입니다. 질 애액도 수분입니다. 나이가 들면 피부가 건조해지듯이 질도 건조해집니다. 이것도 나이가 들어가는 증거입니다. 질이 회춘하거나 건강하면 애액이 많고, 질이 늙거나 건강하지 않으면 애액이 줄어듭니다.

7. 질 온도

손발이나 자궁이 차가우면 좋지 않습니다. 즉 질의 온도는 여성의 건강지표도 되지만 성적 만족에도 관여합니다. 그러니까 질을 따뜻하게 하는 것이 좋겠죠?

8. 음핵의 혈류량

음핵에 혈류량이 많아지면 성적으로 예민해져서 오르가슴을 느끼기 쉽습니다. 반면 혈류량이 적어지면 오르가슴을 느끼기 어렵습니다. 혈류량을 증가시키는 것에는 아르기닌, 운동, 핫팩, 고주파 치료 등이 있습니다.

9. 외음부 모양

양쪽이 대칭적이며 보기 좋은 소음순, 대음순, 음핵은 성적으로 매우 고혹적입니다. 즉 보기 좋은 떡이 먹기도 좋은 법이죠. 특히 나이가 들면서 소음순과 대음순이 처지고 지방이 사라진 경우, 분만할 때 힘들게 낳은 경우, 회음절개술의 흉터가 보기 싫은 경우 미용적으로 교정할 수 있습니다.

10. 외음부 착색

얼굴처럼 외음부의 색깔과 탄력도 중요합니다. 화이트닝, 리프팅이 필요한 부위이기도 합니다.

이런 객관적 조건과 함께 주관적 증상도 중요합니다.

당신이 지금 어떤 상태인지 알고 싶다면 표지에 있는 〈명기 급수 테스트〉 QR코드를 휴대전화로 찍어 접속해 직접 테스트해 보시기 바랍니다. 그리고 산부인과를 방문해 자신의 질 상태를 객관적 진찰로 확인해 보시고요. 그 결과를 바탕으로 명기가 되기 위해서 어떤 노력이 필요한지 상담받아 보시길 바랍니다.

원 포인트 레슨

명기가 되는 것은 쉽지 않습니다. 자신을 명기라고 생각하거나 상대방이 명기라고 주장하더라도 객관적인 검사 결과가 필요합니다. 그리고 이 모든 지수를 높이기 위해서 노력해야 합니다. 1등급이 되기 위해서 노력해 보세요. 당신도 명기가 될 수 있으니까요.

02   명기란 무엇인가

품질이 아주 뛰어난 악기를 '명기'라고 합니다. 연주가라면 누구라도 꼭 한번 연주해 보고 싶은 욕망을 불러일으키죠. 연주했을 때 음색이나 깊이가 일반 악기와는 비교가 안 되니까요.

그런데 악기처럼 질이 좋은 여성도 '명기'라고 합니다. 선천적으로 이런 질을 갖고 태어난 여성은 수만 명에 한두 명에 불과할 정도라고 합니다. 여성의 질 구조는 다 똑같을 텐데, 도대체 명기는 뭐가 다른 걸까요.

조정래의 대하소설 『태백산맥』에 외서댁이라는 여인이 나옵니다. 평소 외서댁에게 욕정을 품고 있던 염상구는 그녀를 겁탈한 후 더더욱 그녀의 꽁무니만 졸졸 쫓아다닙니다. 그 이유를 염상구는 이렇게 말합니다. "쫄깃쫄깃한 것이 꼭 겨울 꼬막 맛"이라고. 이 말이 이해가 안 된다면 냉동했다 해동한 일반 조갯살과 겨울철 벌교에서 갓 잡은 꼬막을 비교해서 먹어보세요. 쫄깃함의 차이가 확연히 느껴질 테니까요.

물론 선천적으로 쫄깃한 질을 가지고 있다고 해서 남성을 계속 사로잡을 수 있는 것은 아닙니다. 뛰어난 방중술(섹스 테크닉)이 더해져야 합니다. 이것으로도 부족합니다. 섹스는 단순히 질 근육 운동이 아니니까요. 여기에 더해 남성의 마음을 읽고 헤아리고 공감해 줄 때 남성은 몸도 마음도 완전히 내어주게 됩니다. 이런 여성이 진정한 명기라고 할 수 있습니다.

오늘날 '명기'는 시대에 뒤떨어진 용어처럼 보입니다. 여성의 성기를 남성의 성적 만족을 위한 도구로 비하하는 용어로 여겨지기 때문입니다. 과거 남성 중심 사회에서는 섹스가 '남자에 의한, 남자를 위한, 남자의' 것이었다면 지금은 남녀가 평등한 섹스, 여성이 즐거운 섹스가 돼야 하는데 웬 시대착오적인 명기 타령이냐고 할 수 있습니다.

그래서 저는 오늘날에는 명기의 조건에 하나가 더 추가돼야 한다고 봅니다. 바로 여성 자신이 성적 쾌감을 느끼고 성적으로 만족하는 것입니다. 아무리 질이 쫄깃하고, 아무리 테크닉이 뛰어나 남성을 매료할 수 있다고 해도 정작 본인이 성적으로 만족하지 못한다면 그건 성노동일 뿐이기 때문입니다.

여성이 즐거운 섹스가 되기 위해서도 질이 좋아야 하고, 방중술을 잘 알아야 하고, 남성의 심리를 잘 읽을 줄 알아야 합니다. 질이 좋지 않으면 스스로 쾌감을 느낄 수 없고, 테크닉이 뒷받침되지 않으면 오르가슴에 오르기 쉽지 않고, 남성의 심리를 헤아리지 못하면 몸과 마음이 하나 되는 혼연일체의 섹스가 불가능하니까요.

진정한 명기는 남성을 즐겁게 하는 게 목적이 아니라 파트너와 함께 성적 쾌감의 극치를 자유자재로 느낄 수 있는 여성입니다. 여성의 이런 모습은 남성에게도 정신적 자신감과 뿌듯한 만족감을 심어줍니다.

흔히 질 입구가 작고 내부가 좁으면 쪼임이 좋아 명기일 것이라고 생각하기 쉽지만 꼭 그렇지는 않습니다. 질 입구가 작고 내부가 좁아도 성적 흥분이 되지 않으면 질벽이 밋밋해 페니스가 느끼는 자극이 덜할 뿐 아니라 애액이 충분히 나오지 않아 뻑뻑하기만 합니다. 그래서 남성도 여성도 아프기만 할 뿐 그다지 큰 쾌감을 느끼지 못합니다.

명기의 공통점은 섹스를 좋아하고 섹스에 집중하며 성적 흥분을 매우 잘한다는 것입니다. 성적으로 흥분하면 호흡이 가빠지면서 배에 힘이 들어가고, PC 근육을 비롯해 주변 근육이 자극을 받아 움직임이 활발해집니다. 그 결과 질이 살아 숨 쉬듯 수축과 이완이 강렬해지면서 페니스에 강력한 자극을 가하게 됩니다.

게다가 질은 흥분할수록 혈액이 대량으로 유입되면서 더 많이 부풀어 오르고, 그럴수록 질벽의 혈관과 신경이 활성화되어 마찰에 더 민감해집니다. 당연히 애액도 늘어나고요. 따라서 넓은 질이라도 충분한 쾌감이 발생합니다.

이처럼 성적으로 흥분을 많이 하는 여성일수록 남성에게 큰 즐거움을 주고, 자신도 즐거워지는 것입니다. 성욕이 고조되면 나머진 따라오게 되어 있습니다.

원 포인트 레슨

왜 산부인과 의사가 명기를 얘기할까요? 모든 여성이 명기가 되어 남성에게 사랑받았으면 하는 바람에서입니다. 예전에는 명기는 태어나는 것이라고 생각했는데 30년 이상 산부인과 의사로 살면서 명기는 만들어질 수 있음을 알게 되었습니다. 이것이 모든 여성이 명기가 될 수 있도록 이끌어주는 가이드북을 만든 이유입니다.

흔히 남성을 사로잡는 여성은 얼굴도 예쁘고, 몸매도 좋을 것이라고 생각하기 쉽지만 결코 그렇지 않습니다.

동양 최고의 명기로 손꼽히는 양귀비는 비만이었어요. 그녀의 외모에 대한 묘사는 문헌마다 차이가 있지만 공통적으로 별명이 '하얀 돼지'였다고 하니 통통하거나 그 이상이었던 것은 분명해 보입니다. 그렇다고 얼굴이 절세미녀인 것도 아니었다고 합니다.

그런데도 당대 최고 권력자인 당나라 황제 현종을 사로잡은 비결은 무엇이었을까요. 뛰어난 춤과 비파 연주 솜씨, 방중술도 한몫했겠지만, 무엇보다 현종의 마음을 미리 읽는 명석함이었습니다.

또한 그녀의 발은 아기처럼 작아서 손바닥 위에서 춤을 출 정도였다고 합니다. 과장이겠지만 발이 작았던 것은 분명해 보입니다. 통통한데 발이 작으면 걸을 때 허리에 힘을 주고 걸어야 해서 자연히 엉덩이가 좌우로 크게 실룩거렸을 겁니다. 여성의 그런 모습은 남성들에게 교태로 느껴집니다. 무엇보다 그렇게 걷다 보면 괄약근과 질 근육이 강화될 수밖에 없습니다. 중국에서 당나라 때부터 청나라 말까지 수천 년 동안 전족이 성행한 이유입니다.

서양 최고의 명기로 손꼽히는 클레오파트라도 절세미인이 아니었지만 당대 영웅들의 몸과 마음을 사로잡았습니다.

클레오파트라는 알렉산드리아의 한 사원에서 고도의 섹스 트레이닝을 받았는데, 이를 통해 남성들을 흥분시킴과 동시에 자신도 최고의 쾌락에 이를 수 있는 비결을 터득했다고 합니다. 특히 잘 단련된 허벅지로 다양한 테크닉을 구사해 수많은 남성을 황홀경에 빠지게 했다고 전해집니다.

파피루스에 그려진 클레오파트라 초상 ⓒ게티이미지뱅크

중국 시안 화청지에 있는 양귀비 동상

클레오파트라가 사용한 허벅지 테크닉이 뭔지는 알려지지 않았지만, 허벅지 근육은 질 근육, 항문 근육과 큰 연관이 있습니다. 허벅지 근육이 잘 단련됐다는 것은 그만큼 질과 항문 근육이 단련됐다는 것이고, 그만큼 탄력성이 있고 조임이 강하다는 이야기로 풀이됩니다.

또한 클레오파트라는 섹스하기 전에 온몸에 재스민 향유를 뿌려 상대 남성이 극도의 쾌락에 도달할 수 있도록 했다고 합니다. 재스민 향은 최음 성분이 있어 성적 쾌감을 높여주는 효과가 있습니다.

20세기 초 영국 국왕이었던 에드워드 8세는 한 여성과 결혼하기 위해 왕위까지 포기한 '세기의 로맨티스트'였습니다. 그녀가 이혼녀였기에 영국 왕실은 물론 의회, 국민까지 결혼을 반대했기 때문입니다.

그가 왕위를 포기하면서까지 사랑한 심슨 부인은 깡마른 몸매에 얼굴도 미네하하(전설적인 인디언 추장)란 별명이 붙을 정도로 남성처럼 생겼습니다. 하지만 특유의 사교술로 많은 남성을 사로잡았을 뿐 아니라, 성기능장애로 인해 한 번도 성적 만족을 느낀 적이 없던 에드워드 8세가 그녀와 성관계를 한 후 평생 그녀의 품에서 떠나지 않았을 정도로 방중술이 뛰어난 것으로 전해집니다. 무엇보다 그녀는 사람의 마음을 어루만지는 재주가 있었고 무슨 이야기든 공감하며 잘 들어주었으며, 신경증을 앓고 있던 에드워드 8세를 잘 다독이는 모성애를 갖고 있었습니다.

현 영국 국왕 찰스의 부인인 카밀라도 찰스의 전 부인 다이애나에 비해 외모를 비롯해 모든 것이 비교되지 않을 정도로 부족했습니다.

하지만 찰스는 다이애나와 결혼하기 전부터 그녀만을 사랑했고, 결혼 후에도 그녀와 비밀관계를 유지했습니다. 다이애나가 이 사실을 알고 이혼을 요구했을 때에도 찰스는 국민 반발로 왕위 계승이 불가능할 수 있다는 걸 알면서도 이혼하고 카밀라를 선택했습니다.

무엇이 찰스로 하여금 그녀에게서 평생 헤어나지 못하게 한 것일까요. 그녀는 대학 시절에 사귈 때부터 어머니 같은 마음으로 그를 보듬어주었다고 합니다. 왕위에 오른 찰스가 서명하기 위해 들고 있던 만년필에서 잉크가 새 짜증을 내자 옆에 있던 그녀가 다독이며 사태를 수습하는 모습이 화면에 잡히기도 했습니다.

사람마다 생김새가 다르고 장점이 다르듯, 섹스어필 도구도 저마다 다릅니다. 미모나 섹시한 몸매일 수도 있고 뇌쇄적인 눈빛이나 매력적인 목소리일 수도 있습니다. 하지만 예로 든 동서고금의 명기들처럼 남성이 평생 다른 여성에게 눈을 돌리지 않고 오직 자신만을 바라보게 하는 비결은 그것이 다가 아니었습니다. 남성들을 성적으로 만족시키는 저마다의 방중술 필살기를 갖고 있으며, 남성의 마음을 잘 헤아리고 다독일 줄 알고 있었습니다.

원 포인트 레슨

성관계가 만족스럽지 않으면 남녀 관계는 유지되기가 어렵습니다. 남녀 관계가 오래 유지되려면 각자의 필살기가 필요합니다. 그뿐만 아니라 내가 주고 싶은 것을 주는 게 아니라 상대 남성이 필요한 것을 주어야 합니다. 이것이 명기의 완성입니다.

04   명기의 조건

다시 처음으로 돌아와 명기의 첫 번째 조건, 즉 질에 대해 이야기할까 합니다. 명기로 불리는 질에는 다음과 같은 특징이 있습니다.

1. 외형적으로 대음순과 소음순의 모양이 조화를 이루고 색깔이 예뻐야 합니다. 크기도 적당해야 하고요.

2. 애액이 많아야 합니다. 페니스가 들어갈 때 질이 건조하면 남성은 물론 여성 본인도 아프니까요. 즐거워야 할 섹스가 고통이 됩니다.

3. 질 안이 **따뜻해야** 합니다. 한겨울 외출했다 따뜻한 방에 들어가면 온몸이 녹고 긴장이 풀리는 것처럼, 남성의 페니스가 질 안에 들어갔을 때 따뜻하면 남성의 기분이 좋아지고 긴장이 이완됩니다. 질이 따뜻하려면 혈액순환이 잘돼야 합니다. 특히 하반신을 따뜻하게 해서 혈액순환을 원활하게 해주어야 합니다. 하반신의 혈액순환은 애액도 풍부하게 해주지만 흥분했을 때 질과 골반으로 모이는 혈액의 양도 늘려

줍니다. 혈액의 양이 많아질수록 클리토리스는 더 잘 발기하고 클리토리스가 잘 발기할수록 오르가슴에 잘 오를 수 있습니다.

4. 질압이 높아야 합니다. 질압이 높으면 수축력이 강해져 남성의 성기를 꽉 물게 됩니다. 남성들은 삽입하는 순간 빨아들일 듯이 잡아당기는 흡입력에 매료당합니다. 여기에 더해 질 근육을 자유자재로 수축, 이완해 가며 페니스를 조였다 풀기를 반복할 수 있어야 합니다. 특히 페니스를 귀두 부분, 중간 부분, 뿌리 부분으로 나누어 순서대로 조일 수 있고, 질의 상단에 작은 팥알 크기의 조직이 많이 돋아 있어 페니스 귀두를 자극한다면 최고의 질이라 할 수 있습니다.

5. 질 입구의 위치와 방향도 매우 중요합니다. 똑바로 누웠을 때 질 입구가 위쪽에 있는 게 좋습니다. 방향도 수평이나 아래쪽보다는 약간 위쪽을 향한 것이 좋고요. 남성의 페니스가 발기했을 때 각도를 생각해 보면 쉽게 이해할 수 있을 것입니다. 페니스의 발기 각도와 질의 방향이 일치하면 접촉감이 좋아 성감이 높아지고 오르가슴에 오르기도 쉽기 때문입니다. 각도가 맞지 않으면 다양한 체위를 구사하기 어렵고, 페니스가 질에서 빠지기 쉽습니다.

6. 골반이 건강해야 합니다. 아무리 질의 구조가 우수해도 만성적인 골반통, 생리통, 성교통이 있다면 명기가 될 수 없습니다. 반면, 질이 명기 수준이 아니어도 골반 내 장기가 건강하다면 명기에 가까워질 수 있습니다.

7. 성적 자극을 잘 느낄 줄 알아야 합니다. 섹스는 남녀가 마음과 몸이 하나가 되어 서로 주고받으며 이뤄지는 사랑의 행위이니까요.

중국 고전 『소녀경』에서는 '음양교접'(섹스)을 "양은 음을 얻어서 화하고, 음은 양을 얻어서 통하게 되는 이치이니, 하나의 음과 하나의 양은 서로 어울림으로써 비로소 움직이게 된다. 그러므로 남성은 여성을 느껴 단단해지고 여성이 이에 감응해 문을 열면 그 두 개의 기가 서로 정을 주고받아 통하게 되는 것"이라고 했습니다.

평소 애액이 부족하고, 질 근육이 약한 여성이라도 성적 자극을 민감하게 받아들이고, 상대를 받아들여 즐길 마음이 돼 있다면 질 근육 운동이 활발해지면서 애액도 많아집니다.

성적 자극의 궁극은 오르가슴입니다. 오르가슴에 이르면 질은 0.8초에 한 번씩 요동치며 남성의 페니스를 자극합니다. 그렇게 남녀가 성적 쾌감을 교감하다 보면 양쪽 모두 기분이 좋아지고 "더는 바랄 것이 없다"라고 말할 정도로 만족감이 높아지면서 정신과 몸이 건강해질 수 있습니다. 이렇듯 최고의 명기는 질 오르가슴을 잘 느끼는 것이라 할 수 있습니다.

원 포인트 레슨

명기가 되려면 육체적 조건과 함께 정신적 교감도 있어야 합니다. 즉 뇌가 만족해야 오래갈 수 있습니다.

05   고전으로 본 명기 훈련법

중국의 고전에서는 명기를 이렇게 설명하고 있습니다.

"명기란 질 안에는 꿈틀거리는 뭔가(지렁이 1000마리)가 들어 있고, 질 천장에는 좁쌀이 달려 있으며, 질 입구는 끈 달린 주머니 같아야 한다."

여기서 말하는 지렁이는 질 벽에 돋아 있는 돌기를 말합니다. 명기의 돌기는 마치 가시가 돋아 있는 것으로 착각할 정도로 무수히 많습니다. 0.5cm 정도 되는 두껍고 부드러운 돌기가 주로 질 바깥쪽 3분의 1 부분에 몰려 있어 페니스에 강한 마찰과 자극을 줍니다.

여성의 질벽은 보통 큰 주름이 몇 개 듬성듬성 있을 뿐 작은 가시 같은 돌기는 보기가 어렵습니다. 게다가 출산을 하거나 나이가 들면 그 주름마저 밋밋해지는 게 일반적이죠. 돌기가 많은 여성은 괄약근도 발달해 있습니다.

'질 천장의 좁쌀'은 현대 용어로 말하면 G스폿입니다. G스폿이 발달해 있으면 남성의 페니스에 의해 자극을 받아 오르가슴을 잘 느끼게 될 뿐 아니라, G스폿이 부풀어 오르면서 페니스를 자극해 남성에게 강한 쾌감을 줍니다.

"질 입구는 끈 달린 주머니 같다"고 하는 것은 질 입구가 좁고 괄약근의 탄력이 강한 질을 말합니다. 본인이 의식적으로 힘을 주지 않아도 질 괄약근이 타이트하게 조여 있어서 섹스 후에 걸어 다녀도 정액이 질 밖으로 흘러내리지 않습니다. 이처럼 질 입구의 조임이 강하면 섹스할 때 남성에게 주는 만족도가 매우 높습니다.

일본에서는 명기를 '긴자쿠'라고 불렀습니다. 긴자쿠란 주둥이를 꽉 조여 물고기를 잡는 어망을 말합니다. 이런 질은 괄약근이 발달해서 크기와는 상관없이 속살이 많은 데다 강한 흡인력을 가지고 있어서 페니스를 삽입하면 부드럽고 정교하게 빨아들이는 느낌을 줍니다. '끈 달린 주머니'와 같은 것이라고 보면 됩니다.

중국은 물론 그 영향을 받은 우리나라와 일본에서는 이런 질을 만들기 위해 예전부터 궁중과 화류계 여성들 사이에서 특별한 훈련법이 전해 내려왔습니다. 궁궐에서는 언제 찾아올지 모르는 왕과의 잠자리 기회에서 왕의 몸과 마음을 사로잡기 위해, 화류계 여성들은 남성 고객을 사로잡기 위해 자신의 질을 단련한 것입니다.

훈련법 가운데 하나가 질 안에 진주알을 넣어두는 것이었습니다. 진주알이 질 속 근육을 단련시키기 때문이지요. 특히 G스폿을 자극해 도톰해지게 만들어주면 남성의 페니스를 더 잘 자극해 줍니다.

또 한 가지는 아침저녁으로 큰 얼음덩어리를 천장에 매달고 그 밑에 나체로 누워 얼음이 녹은 차가운 물방울이 배꼽에 떨어지게 하는 것이었습니다. 약 10초 간격으로 떨어지는 얼음물이 질 회음 근육을 자극해 항문 근육처럼 마음대로 수축할 수 있게 단련하는 것이었죠.

근육은 자기 의지대로 움직이는 수의근과 움직일 수 없는 불수의근이 있는데, 질 근육은 수의근입니다. 마음만 먹으면 의지에 따라 움직일 수 있습니다. 하지만 워낙 얇아서 마음대로 움직여지지 않는 것입니다. 꾸준히 반복해서 연습하면 스스로 조절할 수 있게 됩니다.

항문 주위에는 항문괄약근이 있고, 거항근이라고 하는 항문을 끌어올리는 역할을 하는 근육이 있습니다. 거항근의 일부가 질 둘레 근육과 연결돼 있습니다. 항문 근육과 회음부에서 교차해 이어진 상태가 마치 아라비아 숫자 8자와 비슷하다고 해서 8자근이라고 합니다.

이처럼 항문 근육과 질 근육이 서로 연결되어 있으므로 항문 근육을 수축하면 질 주위의 근육도 죄어듭니다. 쉽게 말해 항문 입구에 힘을 주면 동시에 질 근육도 죄어지는 것이죠.

원 포인트 레슨

동서고금을 막론하고 전 세계적으로 모든 여성은 명기를 꿈꾸고, 모든 남성은 명기를 만나고 싶어 합니다. 그렇게 모두가 꿈꾸는 명기를 어떻게든 만들어봐야 하지 않을까요?

06   나도 명기가 될 수 있다

명기는 나와는 관계없는 먼 이야기로 여겨질 수도 있습니다. 명기는 수만 명 중에 한두 명이 있을까 말까인데 내가 무슨 수로 그 반열에 오를 수 있단 말이냐 싶을 것입니다. '이 나이에…,' '이 몸매에…' '명기는커녕 오르가슴이 뭔지도 모르는데…' 하며 한숨만 내쉴 수도 있고요.

물론 비만이 심하다면 어느 정도는 관리해야 합니다. 비만이면 성적 쾌감에 둔해질 뿐 아니라 월경불순 등 대부분의 여성 질환 원인이 됩니다. 또한 고혈압, 협심증, 심근경색증 등 심장혈관 질환을 비롯해 간장병, 당뇨병, 담석증, 관절염, 피부병 등의 원인이 됩니다. 비만이 아니더라도 요가나 스트레칭, 운동을 통해 좀 더 건강한 몸매를 만들면 성감이 더 좋아집니다.

하지만 살이 쪘다고 해서 콤플렉스를 가질 필요는 없습니다. 양귀비는 요즘 이야기하는 절세미녀가 아니었고, '하얀 돼지'로 불릴 정도로 살이 쪘지만 수천 명의 후궁과 궁녀들을 제치고 당 황제 현종의 총애를 한 몸에 받았으니까요.

나이도 섹스와는 아무 상관이 없습니다. 몸이 따라주지 않으니 문제일 뿐이죠. 질을 잘 관리하고 성을 즐기고 싶은 마음과 체력만 있다면 70, 80대에도 남성들을 만족시키고, 자신도 오르가슴을 느끼며 만족스러운 성생활을 즐기며 살 수 있습니다. 실제로 필자를 정기적으로 찾아오는 환자 중에 그런 분이 여럿 있습니다.

일본 게이샤 세계에서는 젊고 예쁜 아가씨들을 제치고 남성의 인기를 독점하는 늙은 게이샤가 한 명씩 있었다고 합니다. 이 늙은 게이샤의 비결은 무엇일까요. 젊은 여성들이 가지지 못한 명기의 필살기를 갖고 있기 때문입니다.

명기는 선천적으로 타고날 수도 있지만 후천적으로 만들 수도 있습니다. 프랑스의 여성주의 작가 시몬 드 보부아르가 "여성은 여성으로

명기를 만드는 생활 습관

1. 걸을 때 허리를 꼿꼿하게 세워 하체를 긴장시켜 걷습니다. 보폭을 넓게 걷거나, 허리를 비틀어가며 걷는 것도 좋습니다. 실내에서도 뒤꿈치를 들고 걸으면 허리와 엉덩이 부분이 단련돼 성기능이 좋아집니다.

2. 집에서는 물론 버스나 지하철에 앉아 있을 때나 운전할 때, 은행 등에서 대기할 때 케겔운동으로 질 근육을 단련하세요. 케겔운동의 효과와 구체적인 방법은 뒤에 설명하겠습니다.

태어나는 게 아니라 만들어지는 것이다"라고 말한 것처럼 명기도 태어나는 게 아니라 만들어지는 것입니다. 나이에 상관없이, 몸매에 상관없이, 천성적인 질의 상태와 상관없이 누구나 노력하면 남성의 몸과 마음을 사로잡는 명기가 될 수 있습니다.

역사 속 명기까지는 아니더라도 외서댁 같은 쫄깃한 질을 갖고 싶은 여성들에게 꼭 해주고 싶은 말이 있습니다. 그것은 바로 생활 습관입니다. 인생을 살아가는 데 생활 습관처럼 중요한 것은 없습니다. 명기를 꿈꾼다면 하루 10분이든 30분이든 꾸준하게 자신을 훈련하고 잘못된 생활 습관을 바꿔나가야 합니다.

우선 질의 신축성을 높여야 합니다. 신축성이 좋으려면 질 근육은 물론 항문과 주변 근육이 잘 발달해야 합니다. 이를 위해서는 일상생활 중에 몸을 많이 움직이면서 좋은 자세를 유지해야 합니다. 앉을 때 항상 양 무릎을 오므려 앉고, 수시로 하복부에 힘을 주며 항문을 꽉 오므리는 연습을 하세요. 여성의 질 입구 근육은 항문과 연결되어 있으니까요.

질 내부에는 골반저근이 있어, 이것을 단련하면 질 안쪽을 조일 수가 있습니다. 처음에는 잘 안되더라도 반복하면 충분히 제어가 가능해지며, 단련할수록 강해집니다.

개인적으로 명기에 대한 속설 중에 가장 신뢰하는 말이 "미인에게는 명기가 드물다"는 말입니다. 그래서 신은 공평합니다. 오랫동안 여성 불감증을 치료했던 미국의 펜 N. 알드 박사는 임상 보고서에서 이렇게 말했습니다.

"미인은 무의식 속에서 자만 심리에 사로잡혀 남성에 도취해 들어가거나 분위기에 빠지지 못하며, 스스로 오르가슴에 도달하기 어렵다. 반면 용모에 자신이 없는 여성은 오랜만에 접하는 기회에 도취해 남성을 놀라게 할 만한 맹렬한 서비스를 서슴지 않으며, 그 기회를 마음껏 탐하려고 하여 스스로 오르가슴을 느끼기 쉽다."

듣기에 따라 용모 비하의 말처럼 여겨질 수도 있지만, 알드 박사가 말하려는 요지는 그게 아닙니다. 섹스할 때 놀라운 집중력으로 몰입하고 상대방에게 헌신하는 것이 진정 섹스를 즐기는 승자라는 것입니다. 이런 여성이 진정한 명기라 할 수 있습니다.

원 포인트 레슨

모든 것은 노력입니다. 명기도 마찬가지입니다. 타고난 사람을 부러워하지 말고, 노력해서 만들어가야 합니다.

07 질압과 명기

　명기의 첫 번째 조건은 '질 좋은 여성'입니다. 남성들은 페니스를 질 안에 넣었을 때 헐겁지 않고, 따뜻하고, 애액이 많이 나와 촉촉하며, 수축력이 강해 페니스를 잘 무는 느낌이 들면 좋아합니다. 따라서 질 온도, 질액, 질압, 수축 시간, 넓이를 측정해 점수로 환산하면 질 상태를 평가하는 게 가능합니다.

　여성 대부분은 질 넓이와 온도, 질액은 차이가 크지 않습니다. 현저히 차이가 나는 것이 바로 질압과 수축 시간이죠. 질압은 질이 페니스를 조여주는 힘의 강도를 말하고, 수축 시간은 페니스를 조이고 있는

질압	0~70cmH2O	평균 30~35mmHg
항문압	0~200cmH2O	평균 80~85mmHg

*20mmHg 이상이면 남성이 만족감을 얻을 수 있고, 40mmHg 이상이면 명기와 같은 짜릿함을 줄 수 있습니다.

시간을 말합니다. 질압이 높을수록, 수축 시간이 길수록 페니스가 느끼는 압력도 커지고 남성의 쾌감도 커집니다.

어떤 여성은 항문압과 비슷할 정도로 높은 질압을 가지고 있습니다. 항문압은 변을 끊어야 하기에 센 게 당연합니다. 일부 남성들이 항문 섹스를 좋아하는 것도 이 강한 항문 괄약근으로 페니스를 조이기 때문입니다.

그런데 질압이 항문압 정도로 세다면 어떨까요. 게다가 길게 조여준다면요. 당연히 남성은 여성에게 푹 빠져들게 되고, 하늘의 달도 별도 따다주게 될 것입니다. 이처럼 질압과 수축 시간은 섹스에서 아주 결정

VVP3500 병원용 질압 측정기

V-checker 개인용 질압 측정기

질압 확인 방법

자가 측정 질에 자신의 손가락을 넣어봅니다. 손가락을 조였을 때 아무 느낌이 없거나 손가락이 아프지 않으면 질압이 낮은 것이고, 손가락을 움직일 수 없을 정도로 조이거나 손가락이 잘릴 것처럼 아프면 질압이 높은 것입니다. 즉 얇은 끈으로 묶은 듯한 느낌이 들면 약한 것이고, 넓은 밴드로 묶은 느낌이 들면 강한 것입니다.

기계 측정 산부인과에 방문하면 측정 기계를 통해 질의 크기, 온도, 질압, 수축 시간 등을 정확하게 잴 수 있습니다.

적 역할을 합니다. 질압이 높고 수축 시간이 긴 것은 어마어마한 무기입니다. 명기냐 아니냐를 결정하는 데 아주 중요한 요소가 되는 이유죠.

질압과 수축 시간은 타고 나기도 하지만 훈련이나 치료를 통해 충분히 높일 수 있습니다.

질압과 수축 시간이 낮은 원인은 크게 두 가지로 나눌 수 있습니다.

첫째, 질을 조이는 방법을 잘 모르기 때문입니다. 이 경우는 케겔운동으로 질압을 높일 수 있어요. 먼저 질압을 재고 케겔운동을 2~3개월 한 후에 다시 재보면 마치 복근에 왕자가 그려지듯이 질압이 높아져 있을 겁니다. 당연히 그사이에 부부 사이의 금실은 좋아지고, 요실금 개선도 덤으로 따라옵니다.

두 번째, 질 근육이 약하거나 질 이완이 심한 경우입니다. 이때는 케겔운동만으로는 해결이 힘듭니다. 수술이나 시술을 한 후 케겔운동을 병행해야 질압을 높일 수 있습니다. 수술로는 이쁜이수술이 있고, 시술로는 질 필러나 질 레이저가 있는데, 개인의 상태에 따라 방법이 다를 수 있습니다.

노력하면 모든 여성은 명기가 될 수 있습니다. 하지만 그냥 얻어지는 것이 아닙니다. 자신에게 필요하거나 좋은 것은 노력해야만 얻어집니다. 어떤 방법이 자신에게 가장 적합한지는 산부인과 전문의를 통해 자신의 상태를 제대로 파악하고 난 뒤 해결책을 찾을 수 있습니다.

원 포인트 레슨

개인용 V-checker나 산부인과에서 VVP3500을 통해 질압을 잴 수 있습니다. 질압을 재는 것은 생각보다 간단합니다. 명기가 되기 위한 첫걸음이라고 생각하면 좋습니다.

08 질 트레이닝의 정수 '케겔운동'

질의 조임이 좋은 여성을 만나면 남성들은 '뭔가 살아 움직인다'는 느낌을 받고, 높은 성적 쾌감을 맛보게 됩니다. 여성이 남성의 피스톤 운동 리듬에 맞춰 질을 조였다 풀었다 하면 남성들은 그 쾌감에서 헤어나기 힘들어집니다. 여성도 그 조임이 강할 때 오르가슴의 쾌감을 맛볼 수 있습니다.

반면 질이 느슨하면 질의 조이는 힘이 약할 수밖에 없습니다. 그러면 질 섹스가 즐겁지 않게 됩니다. 질 섹스의 즐거움을 모르면 삽입 섹스를 할 때 집중력이 떨어지고, 결국 여성 자신은 물론 파트너의 성감에도 부정적 결과를 낳게 됩니다. 물론 애액이 부족하면 삽입 자체가 힘들고 고통스러워 섹스 자체가 어려워지지만 성감을 만족시키는 가장 큰 요인은 질 조임과 수축 시간입니다.

보통 성인 남성의 귀두 너비는 손가락 2개 정도입니다. 손가락 두 개가 질 안에 헐렁하게 들어갈 정도라면 질 근육 운동이 필요합니다. 질을 잘 조이려면 PC 근육(Pubococcygeus, 골반기저근)이 튼튼해야 합니다. PC 근육은 앞쪽의 치골에서 뒤쪽의 미골(꼬리뼈)까지 뻗어 있는 힘줄로 그물처럼 연결되어 요도와 질, 항문을 둘러싸고 있습니다.

PC 근육을 확인하려면 소변을 볼 때 의식적으로 소변을 멈춰보면 됩니다. 이때 사용되는 근육이 바로 PC 근육이니까요. 만약 소변이 제대로 끊어지지 않고 흐른다면 이 근육이 제대로 조여지지 않는다는 것입니다.

선천적으로 명기의 질을 가지고 태어나지 않았더라도 운동과 노력을 꾸준히 하면 강한 질 근육을 가질 수 있습니다. 등산 · 요가 · 에어로빅 등으로 강화할 수도 있고, 케겔운동으로 강화할 수도 있습니다. 운동으로 한계가 있다면 전기자극 치료로 질 근육에 긴장도를 높일 수도 있고, 질 레이저를 통해 질의 탄력을 높이는 방법도 있습니다.

PC 근육을 단련하는 대표적 방법이 케겔운동입니다. 처음엔 요실금 치료 목적으로 만들어진 케겔운동은 꾸준히 하면 PC 근육 강화는 물론 요실금, 절박뇨, 변실금, 변비, 골반저 기능 부진, 골반 장기 탈출증, 요통 및 고관절 통증을 줄이는 데도 도움이 됩니다.

케겔운동은 일상생활에서도 부담 없이 할 수 있습니다. 돈도 안 들고, 남들 눈에 띄지 않게 할 수 있는 간단한 운동이니까요. 이동할 때나 회사나 집에서 서 있거나 앉아 있을 때 생각날 때마다 할 수 있습니다. 물론 PC 근육도 다른 근육처럼 과도한 운동은 근육통을 일으킬 수 있으므로 무리해서는 안 됩니다.

케겔운동은 기본 방법 외에도 다양하게 변형해서 할 수 있어 지루하지 않게 PC 근육을 단련할 수 있습니다.

케겔 기본 운동법

1. PC 근육을 포함해 모든 근육을 이완하면서 천천히 숨을 들이마시고 내쉽니다. 특히 어깨 가슴에 힘을 빼고 온 신경을 PC 근육에 집중합니다.

2. 다른 근육은 이완한 채 숨을 들이마시면서 소변을 참는 것처럼 PC 근육을 수축하면서 위로 들어 올리며 안으로 조입니다. 이때 요도도 같이 수축됩니다. 이 상태로 속으로 다섯을 셉니다.

3. 숨을 천천히 내쉬며 PC 근육을 이완합니다. 속으로 다섯을 셉니다.

4. 이 과정을 10회 반복합니다.

5. 이것을 1세트로 하루 3번 정도 하면 좋습니다.

볼을 이용한 케겔운동

1. 작은 볼을 두 다리의 허벅지나 무릎 사이에 끼웁니다.

2. 무릎과 허벅지를 안쪽으로 모으면서 허벅지 안쪽 근육과 PC 근육을 1부터 10까지 세면서 수축합니다. 이때 복부와 엉덩이 근육은 최대한 힘을 빼야 합니다.

3. 수축과 이완을 10회 반복합니다.

4. 이것을 1세트로 하루 3번 정도 하면 좋습니다.

변형 케겔운동

짧은 케겔운동 – 골반 근육을 1초 동안 최대한 빠르고 단단히 수축한 뒤 5초 동안 이완합니다. 10번씩 매일 3회 반복합니다. 근육이 빠르고 강하게 반응하도록 하는 데 도움이 됩니다.

긴 케겔운동 - 5초 동안 근육을 수축하고 10초간 이완합니다. 10번씩 매일 3회 반복합니다.

　이외에도 누운 상태에서 엉덩이를 들거나 내리면서 할 수도, 다리를 들거나 내리면서 할 수도 있습니다. 서서 발꿈치를 들어 올리거나 내리면서 할 수도, 의자에 앉는 것처럼 엉덩이를 뒤로 밀면서 무릎을 45도로 구부리거나 일어서면서 할 수도 있고요. PC 근육을 제대로 수축할 수 있다면 매일 운동 방법을 바꿔가며 하면 됩니다.

Tip

◆ PC 근육을 수축할 때 항문과 엉덩이 근육에 힘이 들어가지 않도록 주의해야 합니다. 항문에만 힘을 줬다 뺐다 하면 PC 근육은 크게 자극받지 않기 때문입니다.

◆ PC 근육을 그냥 조였다 풀었다 하기보다는 질을 3등분해서 엘리베이터를 타고 올라가듯이 한 단계씩 조였다가 엘리베이터를 타고 내려오듯이 한 단계씩 이완하면 더 큰 효과를 얻을 수 있습니다.

원 포인트 레슨

명기가 되는 가장 빠른 방법은 질을 강화하는 것입니다. 케겔운동이 가장 효율적인 방법인데, 사실 독학으로 제대로 하기가 쉽지는 않습니다. 처음엔 전문가의 도움을 받는 걸 추천합니다.

09 안전하고 확실한 케겔운동 기구

케겔운동을 한다고 소변을 볼 때 도중에 멈추는 것을 반복하다 보면 방광염이 올 수 있습니다. 그것보다는 안전하게 질 트레이닝용 기구를 사용해 질을 단련하는 것이 좋겠죠.

케겔 볼(콘, 비즈, 에그) 등의 기구를 사용하면 맨몸으로 하는 것보다 PC 근육의 위치를 식별하는 데 도움을 줘 올바르게 운동하고 있는지 확인할 수 있습니다. 또한 PC 근육에 저항력을 더해 더 효과적인 운동이 될 수 있어요. 아령이나 역기를 들고 팔운동을 하는 것과 맨손으로 팔운동을 하는 것은 결과가 다를 수밖에 없는 이치입니다.

아래의 도구들을 올바르게 사용하면 케겔운동의 효과를 극대화할 수 있는데 자신의 신체 상태에 맞춰 적절히 사용하는 것이 중요합니다. 도구를 처음 사용할 때는 제품 설명서를 보거나 전문가의 조언을 받는 등 사용법을 잘 숙지해야 하고, 무리한 운동은 피하는 것이 좋습니다. 사용 전후에 반드시 세척과 소독을 해야 합니다.

◎ **케겔 볼** 실리콘이나 금속, 자수정, 옥으로 만들어진 작은 공(또는 달걀) 모양의 도구입니다. 다양한 크기와 무게가 있고 질 내부에 삽입한 후 PC 근육을 수축시켜 볼이 빠져나가지 않도록 유지하는 방식으로 운동합니다.

질 안에서 움직일 때마다 질 근육을 자극할 뿐 아니라 엉덩이 근육 전체를 단련해 힙업 효과도 기대할 수 있습니다. 점진적으로 무게를 올리며 근육을 더 강하게 훈련할 수 있습니다.

볼을 그냥 질에 넣는 것이 어려울 때는 로션이나 윤활제를 듬뿍 묻혀 사용하는 게 좋고, 콘돔에 넣어 사용하면 더 위생적입니다. 처음 사용할 때는 바지를 입는 게 도움이 됩니다.

1. 가장 가벼운 것을 질 안에 삽입하고 선 자세에서 PC 근육을 수축한 상태로 15분간 유지합니다. 질 밖으로 빠지면 안 됩니다. 매일 2회 이상 반복하며, 어느 정도 익숙해지면 좀 더 무거운 것으로 바꿉니다.

2. 가장 가벼운 것을 질 안에 삽입하고 PC 근육을 수축한 상태로 15분간 집 안을 걸어 다니거나 가벼운 집안일을 합니다. 질 밖으로 빠지면 안 됩니다. 매일 2회 이상 반복하며, 어느 정도 익숙해지면 좀 더 무거운 것으로 바꿉니다.

3. 가장 가벼운 것을 질 안에 넣고 계단 오르내리기나 장보기 등 일상생활을 합니다. 익숙해지면 차츰 무거운 것으로 바꿉니다.

4. 질 안에 넣은 상태에서 앉았다 일어서거나 다른 운동을 합니다.

◎ **케겔 볼 트레이너 (저항 밴드 포함)** 케겔 볼과 유사하지만 저항 밴드를 추가로 사용해 운동 강도를 조절할 수 있습니다. 볼을 삽입한 후 밴드를 연결해 추가 저항을 주어 근육을 더 강하게 자극하는 방식입니다.

◎ **케겔 기구** 센서와 연결된 전자기기입니다. 기기를 질 안에 삽입한 후 스마트폰 앱과 연동하면 운동 강도, 횟수 등을 기록하고 관리할 수 있습니다. 일부 기기는 게임 형식으로 운동할 수 있습니다. 가장 대표적인 것이 이케겔(eKegel)입니다.

케겔 기구

◎ **펠빅 플로어 트레이너** PC 근육을 직접적으로 자극하는 기구로, 전자적 자극을 통해 근육을 강화시킵니다. 주로 병원에서 사용하지만 집에서 사용할 수 있는 소형 버전도 있습니다. 사용할 때에는 전문적 지

도가 필요할 수 있습니다.

◎ **케겔 체어** 　일반적으로 병원이나 클리닉에서 사용하는 특수 의자입니다. 의자에 앉아 있으면 전자기파가 PC 근육을 자극해 케겔운동 효과를 냅니다. 보통 20~30분 동안 사용합니다.

◎ **피드백 장치** 　PC 근육의 수축 강도와 빈도를 모니터링해 주는 장치입니다. 기기를 삽입한 후 운동하면 근육 상태를 실시간으로 확인할 수 있어 운동 효과를 극대화할 수 있습니다. 리텐스(ReTens)라는 개인용 기계도 있습니다.

원 포인트 레슨

케겔운동 기구가 많은 이유가 뭘까요? 그만큼 수요가 많고 효과가 있기 때문이겠죠. 그런데 아직까지 케겔운동을 안 하고 있다면 당신은 명기가 되기를 포기하고 있는 것입니다.

10   케겔운동의 효과

◈ **애액이 풍부해집니다**   하복부의 혈액순환을 촉진해 질의 혈류가 증가합니다. 질은 입안과 같은 점막 조직으로 돼 있어 혈액의 양이 늘어나면 잘 젖게 됩니다. 따라서 더 잘 느낄 수 있게 되고 성감대도 개발됩니다.

◈ **질 오르가슴을 느낄 수 있습니다**   질 섹스에서 성감을 느껴본 적이 없는 여성이 많습니다. 질 강화 훈련을 하면 애액이 풍부해지고 질압이 높아질 뿐만 아니라 조임이 좋아져 성감이 향상됩니다. 궁극적으로 질 오르가슴을 느끼게 됩니다.

◈ **남성이 더 좋아합니다**   질압이 향상되고 질을 자유자재로 조일 수 있게 되면 남성들은 페니스를 삽입했을 때 지금까지 느껴보지 못한 삽입감을 경험하게 되고, 기분 좋은 섹스를 체험하게 됩니다.

◈ **호르몬이 활발해져 매력이 증가합니다**   여성 생식기 주변의 혈액

순환이 증가하면 여성호르몬 분비가 활발해져 여성의 매력도 증가합니다. 또한 갱년기의 생리적 변화 속에서도 질 윤활이 원활해지고 신체의 성적 반응이 개선됩니다.

◈ **하체가 슬림해집니다** 하반신의 대사가 좋아지면 허리나 허벅지의 군살이 줄어들고 근육은 탄탄해져 하체가 슬림해집니다. 더욱 여성스럽고 매력적으로 보일 수 있습니다.

◈ **생리통이 감소합니다** 하체의 혈액순환이 좋아지면 냉한 체질을 개선할 수 있고, 생리통이 감소할 수 있습니다.

◈ **소변이 새지 않습니다** 방광 기능이 개선돼 소변이 새는 요실금 치료에 효과가 있습니다.

◈ **자신감이 충만해집니다** 질 조임과 질압이 향상되면서 파트너와 관계가 확실히 좋아지는 것은 물론 육체적으로도 정신적으로도 자신감 있고 매력 넘치는 여성으로 만들어줍니다.

원 포인트 레슨

명기가 되기 위해 기울이는 노력은 가치가 있는 투자입니다. 그러니 시간이든 돈이든 에너지든 아낌없이 투자하세요. 여성의 성적 자존감을 가장 높일 수 있는 가장 쉽고도 훌륭한 방법이니까요.

11 적극적인 여성이 오르가슴을 잘 느낀다

방중술의 기본도 알았고, 질에 대해 자신감도 생겼다면 이제는 내가 즐겁고 파트너가 만족하는 섹스를 할 차례입니다. 섹스의 최종 지향점은 오르가슴입니다. 그 오르가슴을 느끼기 위한 섹스 테크닉을 이야기할까 합니다.

오르가슴을 느끼는 방법이나 시점은 사람마다 다릅니다. 어떤 여성은 손이나 입으로 자극만 해도 오르가슴에 도달하는가 하면 어떤 여성은 아무리 클리토리스와 G스폿에 자극을 주어도 느끼지 못하기도 합니다.

더 신기한 것은 같은 상대와 같은 방식으로 섹스를 해도 어떤 때는 느끼고, 어떤 때는 못 느낀다는 것입니다. 여성은 육체뿐 아니라 정신 면에서도 많은 영향을 받기 때문이죠. 그날의 기분에 따라 성 감도가 달라지는 것입니다.

하지만 오르가슴을 느끼는 섹스가 되기 위해 가장 중요한 것은 '섹스에 적극적이어야 한다'는 것입니다. 섹스에 소극적인 여성은 상대가 매우 능숙하게 잘하지 않는 한 오르가슴을 느끼기 쉽지 않습니다.

그러면 오르가슴에 도달하기 위한 적극적인 행동은 어떤 것이 있을까요.

◇ 자극한다

남성의 기운을 북돋아 주고 자극을 줘야 합니다. 그래야 적극적으로 애무해 주고, 피스톤 운동을 하게 됩니다. 남성은 시각적 자극에도 잘 반응하지만, 특히 여성이 내는 소리에 흥분이 지속됩니다. 그래서 명기의 조건에 소리도 포함돼 있습니다. 좋으면 좋다고 말하고, 흥분하면 신음과 교성으로 남성을 자극하는 것이 좋습니다.

◇ 리드한다

남성은 자신이 흥분했을 때는 물론이고 여성이 흥분했다고 생각되면 더 격렬하게 피스톤 운동을 하는 경향이 있습니다. 하지만 남성이 갑자기 세게, 빠르게 움직이면 여성은 오르가슴에 더 빨리 도달하기는커녕 오히려 흥분이 반감될 수 있습니다. 남성의 사정(섹스의 끝)만 더 빨라질 뿐입니다. 피스톤 운동이 갑자기 격해지지 않도록 여성이 리듬을 조절해 주는 것이 좋습니다.

◇ 질에서 페니스가 빠지지 않도록 한다

페니스가 질에서 빠지면 흥분이 급격히 감소합니다. 체위를 바꿀 때도 페니스가 빠지지 않도록 해야 합니다. 예를 들어 남성 상위에서 여성 상위로 바꿀 때는 삽입된 상태에서 여성이 상체를 일으켜 앉은 자세가 됐다가 남성을 눕힙니다. 남성 상위에서 후배위로 바꿀 때도 삽입 상태에서 몸을 옆으로 누웠다가 후배위로 바꾸면 어렵지 않게 바꿀 수 있습니다.

◇ 골반을 잘 움직인다

피스톤 운동에 맞춰 골반을 움직이는 것이 중요합니다. 상대와 좀 더 밀착하도록, 또는 자신의 성감대가 최대한 자극받도록 골반을 움직여야 합니다. 상황에 따라 골반을 들거나 좀 더 밑으로 내리는 등 페니스에 클리토리스나 G스폿이 최대한 자극되게 하는 것이죠. 그러기 위해서 자신의 성감대를 알아야 하고, 그 성감대가 자극받는 방법을 익혀야 합니다.

◇ 질과 항문 수축

페니스의 발기력이 줄어들려고 할 때 질을 수축하면 페니스가 자극을 받아 다시 발기하게 됩니다. 이처럼 여성이 질의 수축과 이완을 조절할 수 있다면 섹스 시간을 마음대로 조절할 수 있게 됩니다. 또한 질을 자유자재로 수축하면서 페니스를 쥐락펴락한다면 남성은 그 쾌감에서 헤어나기 힘들게 됩니다.

항문 수축도 중요합니다. 특히 오르가슴에 도달하려 할 때 항문을 강하게 수축하면 오르가슴의 희열이 등줄기를 타고 정수리로 올라오는 경험을 하게 될 것입니다.

◇ 엄지발가락 오므리기

질을 자유자재로 수축할 수 있는 경지에 이르지 못했더라도 골반을 들고 항문을 수축하면서 다리를 안쪽으로 모은 채 엄지발가락에 힘을 주면 오르가슴에 도달하는 데 도움이 됩니다. 이렇게 하면 질이 페니스를 꽉 조이면서 오르가슴을 느끼기가 쉬워지거든요.

◇ 멈추지 않는다

여성은 오르가슴을 느낄 때 본능적으로 남성의 머리나 가슴을 밀치려는 경향이 있습니다. 그렇게 하지 말고 오히려 더욱 끌어안는 습관을 들이세요. 그리고 남성에게 피스톤 운동을 멈추지 않고 계속하도록 하세요. 그러면 오르가슴을 느끼는 속도도 빨라지고, 더 큰 쾌락을 느끼게 됩니다.

◇ 후희를 한다

오르가슴의 마지막은 후희입니다. 남성은 섹스 후 바로 일어나 씻으러 가거나 등을 돌리고 자는 경향이 있습니다. 그러면 여성은 지금까지의 흥분과 감정이 확 식어버린다는 걸 남성들은 모릅니다. 물론 이런 행동은 빨리 다시 정자를 생산하기 위한 수컷의 본능 때문입니다. 그럴 땐 남성을 끌어안고 자신의 가슴이나 음부를 부드럽게 어루만져 달라고 하거나 누운 채로 입맞춤을 하는 게 좋습니다. 그렇게 하면 오르가슴의 여운이 오랫동안 남을 수 있습니다. 남성의 페니스에 가볍게 입맞춤을 하고 손으로 지그시 잡고 있는 것도 좋아요. 남성은 사정한 직후엔 페니스가 매우 예민한 상태이므로 강한 자극은 주지 말고요.

원 포인트 레슨

성관계를 할 때 적극성은 아주 중요합니다. 오르가슴을 느껴서 적극적이 되는 건지 적극적이어서 오르가슴을 느끼는 건지 알 수 없지만, 섹스에서 적극성이 아주 중요하다는 것은 분명합니다.

12 　　　　　　　　　　섹스는 SNS(slow and soft)

섹스에 대한 남성들의 고정 관념 중 하나가 '강하고 빠르게(hard and fast)'가 아닐까 싶습니다. 본능적으로 남성의 최종적인 섹스 지향점은 사정에 있는데, 사정하기 위해서는 단단하게 발기된 페니스로 빠르게 피스톤 운동을 해야 하기 때문입니다. 여기에 더해 여성이 오르가슴에 도달할 때까지 '길게(long)' 하길 원하죠.

이런 남성들의 섹스 스타일에 맞추면 여성들은 오르가슴을 느끼기는커녕 섹스의 즐거움도 맛보지 못하고 끝나기 쉽습니다. 남성이 지루라면 고통만 길어질 뿐이고요. 물론 마지막 사정 직전에는 남성이 빠르고 강하게 해도 됩니다. 하지만 처음부터 끝까지 이렇게 하면 여성에게는 고문일 뿐입니다. 이런 섹스가 반복되면 여성은 불감증으로 이어지기 쉽습니다.

남성이든 여성이든 섹스의 진정한 즐거움, 오르가슴을 맛보기 위해서는 '천천히 부드럽게(slow and soft)'가 중요합니다. '강하고 빠르게' 하는 섹스에서 '천천히 부드럽게' 하는 섹스가 되도록 여성이 리드할 필요가 있습니다.

어느 부위를 애무하든 마치 달팽이가 기어가는 것처럼 천천히 해야 그 부위의 세포가 당신의 혀와 손끝에 집중할 수 있습니다. 또한 부드러운 깃털이 살갗을 스치듯이 입술과 혀, 손끝으로 닿을 듯 말 듯 부드러운 터치로 어루만져야 합니다. 그렇게 하면서 당신의 모든 신경을 입술과 혀, 손끝에 모아 상대의 몸 구석구석을 느껴야 합니다.

처음엔 남성의 반응이 뜨뜻미지근할 수 있습니다. 하지만 화를 내며 '더 빠르게, 더 세게'를 요구하지 않는 한 '천천히 부드럽게'를 지속해야 합니다. 겉으로 좋다는 표현은 안 하지만 속으로는 이 새로운 느낌을 은근히 즐기는 것이니까요.

상대가 반응한다고 해서 금방 다른 부위로 이동하거나 다른 방법으로 전환해서도 안 됩니다. 한동안 그대로 계속해 주는 게 좋아요. 반응이 있다는 건 내가 성감대를 적절한 방법으로 애무하고 있다는 뜻이기 때문입니다. 반응이 있다고 바로 다른 부위로 옮겨가면 달아오르던 감흥이 식어버릴 수 있습니다. 애무는 천천히, 오랫동안 반복할수록 쾌감이 더 커집니다.

처음엔 '천천히 부드럽게'가 익숙하지 않을 수 있습니다. 그럴 땐 먹을 수 있는 마사지 오일을 준비해 몸에 바르고 애무하는 것도 방법입니다. 아주 천천히 부드럽게 손과 입술, 혀끝으로 애무해 주면 에로틱한 감정을 불러일으키고 온몸의 성감이 살아날 수 있습니다. 남성이든 여성이든 다 그렇습니다.

'천천히 부드럽게'는 섹스의 모든 과정에 적용됩니다. 오럴섹스를 할 때도 마찬가지입니다. 아이스바를 먹는 것처럼 남성의 페니스를 천천히 부드럽게 핥고 빨아주세요. 중요한 것은 남성에게 "나에게도 그렇게 커닐링구스를 해달라"고 요구해야 합니다.

삽입 섹스를 할 때도 남성이 천천히 움직이도록 여성이 리드해야 합니다. 천천히 부드럽게 피스톤 운동을 하면 남성의 조루도 완화할 수 있습니다. 서두르거나 빠르게 하면 금방 사정할 수 있습니다. 특히 애액이 많이 나오지 않거나 성교통이 있을 때는 천천히 하는 게 큰 도움이 됩니다.

또한 남성이 페니스를 처음부터 한 번에 끝까지 삽입하는 게 아니라 질 입구에서부터 아주 천천히 부드럽게, 조금씩 조금씩 전진과 후퇴를 반복하면서 천천히 전진해 나가도록 이끌어야 합니다. 그래야 덜 아프고 성감이 깨어날 수 있습니다. 남성도 천천히 전진과 후퇴를 반복해야 질의 압력과 마찰의 쾌감을 충분히 느낄 수 있습니다.

처음에는 이렇게 하는 것이 힘들 수 있지만 하다 보면 익숙해집니다. 그렇게 해야 서로 교감하는, 둘 다 만족스러운 섹스가 될 수 있어요. '천천히 부드럽게' 하는 섹스가 될 때 비로소 여성에게 섹스가 '남성의 사정을 돕는 봉사'가 아니라 '함께 즐겁고 행복한 섹스' '서로 사랑을 확인하는 시간'이 되는 것입니다. '천천히 부드럽게'의 궁극적 목적은 상대방이 지금 어떤 느낌의 상태인지를 공감하며 만족감을 더 높여주기 위해 서로 노력하는 것이기 때문입니다.

당장 오늘 밤부터 실천해 보세요. 여러분의 성생활에 어떤 변화가 일어나는지 확인할 수 있을 것입니다.

원 포인트 레슨

남성은 강하고 빠른 것을 좋아하지만 천천히 부드럽게 하는 게 둘 다 만족하는 섹스가 된다는 것을 반드시 기억해야 합니다. 하지만 사정이 가까워지면 남성이 강하고 빠르게 해도 좋습니다.

13 　　　　　　　　　　　　　　　　　　　　　　신음

여성이 흥분하면 숨길 수 없는 몸의 변화가 있습니다. 클리토리스 주변의 근육이 강하게 수축 운동을 하고, 질에 손가락이나 페니스를 넣으면 꽉꽉 조여집니다. 본능적으로 온몸을 비틀면서 다리를 안쪽으로 오므려 더는 자극하지 못하도록 하기도 합니다. 온몸에 땀이 나기도 하고요.

신음도 그렇습니다. 여성은 몸에 짜릿한 자극을 받으면 자신도 모르게 신음이 흘러나옵니다. 어떤 여성은 신음이 나지막하게 흘러나오는가 하면, 어떤 여성은 괴성을 지르기도 합니다. 이처럼 섹스할 때 나오는 신음은 성적 만족도를 측정할 수 있는 기준이 됩니다.

아울러 상대를 흥분시키는 멋진 자극이 되기도 합니다. 남성은 여성의 신음을 들으며 '내가 이 여자를 만족시키고 있구나' 하고 생각하며 섹스에 더 몰입하게 됩니다. 남성은 섹스할 때 여성의 반응에 민감하거든요. 파트너가 흥분하고 만족스러워하는 것을 확인하는 것에서 자신의 성적 만족을 찾고, 성적 자신감을 얻습니다. 그래서 섹스할 때 표현을 잘하는 여성이 남성을 더욱 만족시킵니다.

신음은 상대의 성적 흥분을 높여줄 뿐 아니라 자기 최면의 역할도 합니다. 연기로라도 신음을 내다 보면 어느새 자신도 몰입해서 저절로 신음이 나옵니다. 신음은 남성뿐 아니라 여성의 뇌도 취하게 만들기 때문입니다.

상대가 내 몸의 특정 부위를 어루만졌을 때 기분이 좋아졌다면 저절로 신음이 흘러나오지 않더라도 일부러 신음을 내보세요. 그러면 상대는 '아, 이렇게 하니까 좋아하네' 하면서 알게 되고, 거기에 자극을 받아 더 오래 해주게 됩니다. 그러면 기분이 좋아지는 것에서 더 나아가 흥분에 이를 수 있게 됩니다.

심리학자들에 따르면 표정과 몸짓으로 감정을 표현하면 그 감정이 더욱 강화된다고 합니다. 반대로 표정과 몸짓으로 드러내기를 억제하면 이미 느꼈던 흥분도 억제된다는 것이죠.

부끄럽다고 가만히 있기만 하면 어떻게 될까요. 남성은 기분이 좋아지려는 부위에 대한 애무를 멈추고 다른 곳을 애무하게 될 것입니다. 그러다 보면 오르가슴에 도달하지 못한 채 섹스가 끝나고 맙니다. 또한 여성이 신음 없이 무반응으로 일관한다면 남성은 성적 자신감을 잃거나, 자신의 성적 자신감을 찾아줄 다른 여성을 찾아 나서게 될 것입니다.

신음을 내는 데 익숙지 않은 분들을 위해 몇 가지 팁을 드리겠습니다.
전희 단계에서는 너무 오버하지 않는 게 좋습니다. 처음엔 상대의 귓가에 겨우 들릴 수 있을 정도의 얕은 숨소리 정도가 좋아요. 가슴이나 주요 성감대를 자극해 오기 시작할 때 비로소 가볍게 강도를 높이는데, "음~" 정도가 좋습니다.

성기를 직접 자극하고 삽입 직전으로 돌입한다면 신음을 내도 좋습니다. 삽입 후에는 피스톤 운동의 리듬을 맞춰 신음을 내시고요. 거친 호흡과 함께 교성을 내도 좋고, 간간이 낮은 흐느낌이나 가벼운 통증을 호소하는 것도 좋습니다.

물론 여성의 신음이 거짓이라고 느껴진다면 남성은 흥이 깨질 수 있으니 자연스럽게 해야 합니다. 그런데 남성들은 신음이 거짓인지 아닌지 어떻게 구분할까요? 연기로 하는 신음에는 거친 숨소리가 빠져 있습니다. 달아오른 상태에서, 오르가슴을 느끼는 상태에서 나오는 신음엔 당연히 거친 숨소리가 섞여 있습니다. 이것만 신경 써서 연습하면 됩니다.

신음에 덧붙여 "아~ 몰라 몰라, 기분이 이상해~"라며 행복한 미소를 짓거나, "사랑해"라고 속삭인다면 남성은 힘이 불끈 솟아올라 당신을 더욱 만족시켜 줄 것입니다.

원 포인트 레슨

명기의 조건 중에 '감창'이 있습니다. 성관계 도중에 내는 신음을 의미하는데, 신음을 잘 내면 오르가슴에 오르기가 더 쉬워집니다. 한번 테스트해 보세요. 소리를 지르면 오르가슴에 잘 오르고, 소리를 참으면 오르가슴에 오르기가 어렵습니다. 그러니 오르가슴에 오르고 싶으면 소리를 지르세요.

14   동시 오르가슴 비법

남성과 여성은 구조적으로 오르가슴에 도달하는 시점에 차이가 있습니다. 그 차이를 극복하고 함께 오르가슴에 오를 수 있는 방법을 소개합니다. 아래 방법으로 연습하다 보면 동시에 절정감을 맛볼 수 있을 것입니다.

먼저 충분히 전희(애무)를 하고 삽입하기 전에 69 체위를 합니다. 이때 둘이 동시에 상대의 성기를 애무하면 둘 다 성감을 제대로 느끼기 어렵습니다. 번갈아 가며 하는 게 좋아요. 하는 쪽은 상대의 반응에 집중하고, 받는 쪽은 자신의 성감을 느끼는 데 집중합니다. 중요한 것은 서로 똑같은 시간으로 해주는 게 좋습니다. 한쪽에서만 길게 하면 덜 받은 쪽이 마음속에 자신이 대접을 받지 못한 것 같은 서운함이 생길 수 있거든요.

69 체위를 통해 여성이 충분히 흥분되었다면 비로소 삽입 섹스에 들어갑니다. 먼저 여성 상위를 합니다. 여성이 위에서 하면 자신의 클리

토리스와 G스폿을 스스로 자극할 수 있어 오르가슴에 도달하기가 쉽습니다. 여성이 아직 덜 젖었거나 성교통이 있더라도 여성 상위를 하면 본인이 아프지 않게 피스톤 운동을 할 수 있습니다.

여성 상위에서 자신의 가슴과 남성의 가슴이 거의 맞닿을 정도로 앞으로 숙인 상태로 피스톤 운동을 하면 자신의 클리토리스와 G스폿이 페니스와 잘 마찰되는 각도와 속도, 강도를 찾을 수 있습니다. 자신이 가장 기분 좋은 성감대를 찾고, 그 성감대를 자신이 가장 잘 느낄 수 있는 방식으로 마찰합니다.

만약 아직 오르가슴에 도달하지 못했는데 체력이 달린다면 남성을 직각으로 앉힙니다. 여성이 남성의 무릎 위에 앉아 말을 탄 자세를 합니다. 남녀 사이에 종이 한 장 들어가지 않을 정도로 완전히 밀착합니다. 그 상태에서 말을 타듯이 위아래로 움직입니다. 그러면 페니스 뿌리에 클리토리스가, 페니스 귀두에 G스폿이 마찰됩니다. 이때 남성에게 여성의 허리를 잡고 상하 운동을 도와주도록 하면 힘이 덜 듭니다.

여성이 오르가슴에 도달하면 남성 상위나 후배위로 체위를 바꿉니다. 만약 아직도 여성이 오르가슴에 오르지 못했다면 남성에게 피스톤 운동을 하면서 손으로 클리토리스를 자극해 달라고 합니다. 남성이 두 가지 동작을 동시에 하는 게 서툴면 여성이 손가락으로 자신의 클리토리스를 자극해도 좋습니다. 바이브레이터를 이용하는 것도 방법이고요. 단, 남성이 피스톤 운동을 하는 데 방해가 되지 않는 선에서 해야 합니다.

이런 동작을 포르노에나 나오는 외설적 행동이라고 생각해 부끄러워하거나 거부감을 갖는 여성도 있는데요. 이 동작으로 여성이 오르가슴에 오르면 남성의 페니스가 여성의 배꼽이나 장까지 끌려 들어가는 느낌이 듭니다.

남성이든 여성이든 오르가슴을 잘 느끼게 해주는 사람이라면 목숨도 내놓을 만큼 서로에게 헌신하게 됩니다. 그런데도 평생 한 번도 오르가슴을 느껴보지 못하는 여성이 많은 게 안타까운 현실입니다. 위의 방법을 연습하면 누구나 오르가슴을 경험할 수 있습니다. 그리고 한번 오르가슴을 경험하면 다음부터는 멀티오르가슴도 가능해집니다.

원 포인트 레슨

모든 성관계의 목표는 동시 오르가슴입니다. 물론 쉽지는 않습니다. 그렇다고 불가능한 것도 아닙니다. 그러니 노력해 보세요!

15   남성 조루 극복법

남편이 조루면 아내가 어떤 노력을 해도 오르가슴을 느끼기가 어렵습니다. 페니스가 질 안에서 어느 정도 운동을 해줘야 오르가슴에 도달할 수 있기 때문입니다.

조루의 원인은 다양합니다. 스트레스와 피곤으로 인한 일시적 현상일 수도 있고, 급한 성격이나 잘못된 자위행위 습관으로 인해 생겼을 수도 있습니다. 처음 성관계를 했을 때 조급증 등으로 사정을 조절할 수 없었던 경험으로 인한 스트레스, 압박감, 불안감이 무의식에 남아 있어서 나타날 수도 있습니다.

사정을 조절하는 중심 신경에 문제가 생기거나 성기 주변에 분포한 말초신경이 예민해서일 수도 있습니다. 세로토닌이 부족하거나 신경과민에 의한 것일 수도 있고, 내분비장애로 생식샘 기능이 지나치게 활성화되었기 때문일 수도 있습니다. 그 외에 페니스, 요도, 전립선, 정낭, 요도괄약근, 방광에 이상이 있어도 조루가 될 수 있습니다.

술을 마시면 성관계와 조루에 대한 불안감을 감소시켜 일시적으로 조루 증세가 완화될 수도 있지만 지나친 음주는 오히려 발기장애를 일으키므로 주의해야 합니다.

조루가 심리적인 것이라면 여성이 도움을 줘서 완화할 수 있고, 그렇지 않은 경우라면 전문병원을 찾아 약물 치료나 수술을 받으면 좋아질 수 있습니다.

여기서는 남성이 조루를 극복하는 데 여성이 도울 수 있는 방법을 소개할까 합니다.

남성의 사정은 뇌에서 사정 신호를 내려보냄으로써 시작되는데 이때 사정 중추에 세로토닌이 풍부하면 사정을 늦출 수 있습니다. 따라서 세로토닌을 만드는 생활을 하면 도움이 됩니다. 세로토닌은 잠을 충분히 자고, 햇볕을 충분히 쐬고, 야외 활동을 많이 하고, 자주 걷고, 자주 웃으면 증가합니다. 부부가 함께 햇볕을 쐬며 산책하세요. 그리고 자주 웃을 일을 만드세요. 그러면 부부 금실도 좋아지고 섹스의 즐거움도 배가될 것입니다.

PC 근육을 강화하는 것도 방법입니다. 사정은 남성 생식기에 연결되는 근육이 수축과 이완을 반복하면서 정액을 펌프질하는 원리로 이루어지는데, 이 운동에 PC 근육이 관여합니다. PC 근육을 단단하게 해주면 사정을 조절하는 데 도움이 됩니다. 케겔운동은 여성뿐 아니라 남성에게도 도움이 됩니다. 하체 근육과 코어 근육을 단련해도 PC 근육이 강화됩니다. 스쾃, 런지, 플랭크, 파워워킹이나 등산도 좋습니다.

빠른 사정은 배설 욕구가 가득해서일 수도 있고, 섹스의 재미를 모르기 때문일 수도 있습니다. 배가 고프면 빨리 먹고 싶은 생각밖에 안 들잖아요. 아무리 맛있는 음식을 차려줘도 맛을 느끼고 즐길 여유가 없습니다. 어느 정도 배가 불러야 맛을 음미할 수 있고 다른 것도 하고 싶어집니다. 성욕도 식욕처럼 어느 정도 채워져야 신경이 안정됩니다. 이런 경우라면 느긋하게 섹스를 하도록 여성이 이끌어주어야 합니다. 느긋하게 전희의 쾌락을 즐기고 충분히 달구어졌을 때 서서히 삽입해 사정해도 좋다는 것을 알게 해야 합니다.

사정하지 않는 자위 연습도 좋은 방법입니다. 여성이 손이나 입으로 페니스를 피스톤 운동을 해주다가 사정할 것 같으면 멈춥니다. 이때 흥분이 가라앉을 때까지 가만히 있어도 되지만 아주 천천히 부드럽게 페니스를 애무해 주면 더 좋습니다. 절대 세게 쥐거나 압박하면 안 되고 그저 페니스에 오일을 발라준다는 느낌으로 해야 합니다.

흥분이 가라앉으면 페니스가 죽을 수도 있지만 사정하지 않았기 때문에 다시 일으켜 세우는 데는 큰 어려움이 없을 것입니다. 이렇게 사정하지 않은 상태에서 몇 차례 반복 훈련을 합니다. 꾸준히 연습하다 보면 내공이 생겨 조루에서 조금씩 멀어질 수 있을 것입니다.

실전에서도 천천히 부드럽게 하는 것이 도움이 됩니다. 남성이 흥분해서 피스톤 운동이 빨라진다고 생각되면 천천히 하도록 유도하세요.

그래도 사정 욕구가 든다면 피스톤 운동을 멈추게 하고 질 안에 음경을 둔 채 꼭 껴안고 있거나 질 밖으로 빼내서 자위 연습에서 했듯이 손으로 가볍게 애무하면서 흥분을 가라앉힙니다. 사정 욕구가 사라졌다는 느낌이 들 때 다시 천천히 삽입하게 합니다.

사정이 임박했다면 음낭을 당기는 방법도 있습니다. 사정 욕구가 강할 때 음낭을 만져보면 작게 오므라들어 있습니다. 정액을 내보내기 위해서입니다. 이때 음낭을 손으로 살짝 감싸쥐고 가볍게 몸의 반대 방향으로 잡아당겨 음낭을 풀어주면 사정 욕구가 약해집니다.

조루 증세 완화에 효과가 있는 경구용 약물은 중추신경계에 작용해 성적 흥분을 진정시키는 약물과 말초신경계에 작용해 사정을 지연시키는 약물이 있습니다. 현재 시중에서 시판되는 약물의 성분은 다폭세틴과 클로미프라민이 있습니다.

약물을 복용하더라도 조루 습관을 개선하는 치료 방법을 병행해야 합니다. 약물 부작용으로는 식욕부진, 오심, 구토, 피로, 무력증, 수면장애, 위장장애, 설사, 사정액 감소, 성욕 및 쾌감 감소 등이 있습니다.

다폭세틴 _ SSRI(Selective Serotonin Reuptake Inhibitors, 선택적 세로토닌 재흡수 억제제)로 세계 최초로 개발된 조루 치료제입니다. 12주 동안 매일 복용할 경우 사정 조절 능력이 60%까지 개선됩니다. 1회 복용법은 관계하기 1~3시간 전에 30mg을 복용하는 것입니다. 효과가 충분하지 않고 내약성이 좋은 경우 최대용량인 60mg까지 증량합니다.

클로미프라민 _ TCA(Tricaboxylic Acid Cycle, 삼환계항우울제) 항우울제로 두 번째로 개발된 조루 치료제입니다. 복용법은 세 가지가 있습니다. 매일 25mg을 복용하면 70%, 매일 50mg을 복용하면 83%에서 사정 지연 효과가 있습니다. 관계하기 전에 50mg을 8주 동안 복용하면 58%에서 효과를 볼 수 있습니다. 일반적으로는 성관계 2~6시간 전에 15mg을 복용합니다.

원 포인트 레슨

여성이 오르가슴을 느끼기 위해서 남성 조루는 반드시 해결하는 것이 좋습니다. 왜냐면 여성 오르가슴 장애의 원인 중에 남성의 조루가 있기 때문이다. 조루는 약물 요법이나 행동 요법으로 어느 정도 해결이 가능합니다. 그러니 절대로 포기하지 말고 남편에게 비뇨기과에 찾아가도록 권하세요!

16 남성 지루 치료와 여성 불감증 치료

지루는 본인이 사정하려고 해도 사정이 되지 않아서 도중에 섹스를 포기하는 상태를 말합니다. 남성 성기능장애 중에 가장 치료가 어려운 질환이기도 합니다. 세계보건기구(WHO)는 지루를 '성적으로 충분한 자극에도 지속적이고 반복적인 오르가슴의 곤란'으로 정의하고 있습니다. 여성에게는 오르가슴 장애가 이에 해당합니다.

원인은 선천적 내분비 이상, 의인성 혹은 신경학적 이상으로 나눌 수 있습니다. 해부학적 문제가 있거나 갑상샘 기능 저하, 성선 기능 저하, 전립선 수술, 골반 수술, 다발성 경화증, 당뇨병, 척추 손상은 물론 항우울제나 신경안정제 등 약물 사용도 원인일 수 있습니다.

정신심리학적 원인으로 우울, 불안, 스트레스, 피로, 파트너에 따라 성적 자극이 충분치 않거나 성적 감각의 집중 결여, 습관적인 성 행동, 술을 많이 마셨을 때 등이 있습니다.

치료는 환자가 지닌 원인에 따라 심리치료, 약물요법, 행동치료 등을 할 수 있습니다.

지루에 사용할 수 있는 약물은 교감신경계 흥분제입니다.

미도드린 _ 2.5mg을 2시간 전에 복용합니다. 부작용이 적어 사용하기에 가장 무난합니다. 저혈압 치료제로 만들어진 것이라 부작용으로는 고혈압이 있을 수 있습니다.

이미프라민 _ 잠자기 전에 25~75mg을 복용합니다. 항콜린 작용을 하는 삼환계 우울증 치료제이면서 요도괄약근 수축력을 강화하고 과민성 방광을 이완해 절박요실금, 야뇨증 치료에도 사용합니다. 부작용으로 목마름, 변비가 있을 수 있습니다.

슈도에페드린(슈다페드) _ 60~120mg을 성관계 120~150분 전에 복용합니다. 알파 아드레날린 수용체를 직접적으로 자극해서 기관지가 이완되어 알레르기 비염·콧물·코막힘에도 처방하고, 식욕을 억제하는 작용이 있어 다이어트에도 사용합니다. 부작용으로는 과경계, 불안증이 있을 수 있습니다.

사이프로헵타딘(삼진제약 트레스탄) _ 4~12mg을 성관계 90~240분 전에 복용합니다. 1세대 항히스타민제로 콧물·재채기·눈가려움 및 알레르기 완화에 도움을 주고, 세로토닌과 도파민 분비를 조절해서 기분, 불안, 식욕과 성욕을 관장하는 역할을 합니다. 부작용으로 집중력 저하가 있습니다.

아만타딘 _ 100~400mg을 성관계 2일 전에 복용합니다. 인플루엔자 A 감염 예방 및 치료에 추천되고, 말초 및 중추신경계에서 도파민 활성을 증가시켜서 파킨슨증후군의 치료 및 다발성경화증의 증상 조절에 사용합니다. 부작용으로 오심, 불안이 있을 수 있습니다.

카버골린 _ 0.5mg을 1주일에 2번 잠자기 전에 복용합니다. 도파민 작용제로 고프로락틴 혈증이나 알코올중독 치료제로도 효과가 탁월합니다. 부작용으로 오심, 졸림이 있을 수 있습니다.

여성 오르가슴 장애 치료

여성의 성기능장애 중 오르가슴 장애의 치료에 대해서도 함께 알아보겠습니다. 여성 오르가슴 장애는 남성의 지루보다 치료 효과가 높습니다. 약물의 도움 없이 성 치료만으로도 85%는 치료된다고 보고되고 있습니다.

❖ 오르가슴 장애 성 치료

1. 정신적 원인인 경우
   a. 부부의 솔직한 대화와 상담 통한 노력 유도
   b. 성적 판타지를 심어주고 자기 성찰 시간 갖기
   c. 성적 흥분을 강화할 수 있는 성인영화 감상

2. 여성이 적절한 성적 자극을 한 번도 받은 적이 없는 경우
   a. 자가 마사지 및 자위 유도. 특히 클리토리스 자위는 오르가슴 능

력을 93% 향상

b. 바이브레이터 등 도구 사용법 교육

c. 파트너의 적극적인 성감대 자극 및 애무 유도
(특히 CAT 체위 통해 남녀 동시 오르가슴을 느끼게 하고 질 자극 개선)

3. 적극적 성 치료가 필요한 경우

a. 전기자극치료를 통한 질 근육 수축력 회복 및 손상된 신경의 복구

b. 이쁜이수술이나 필러, G-shot 주사, 질 레이저와 같은 수술이나 시술

c. 오르가슴을 느끼는 부위의 재생과 혈류량 증가 위한 O-shot 주사 및 약물 복용

d. Eros CTD : FDA가 승인한 유일한 치료법으로 클리토리스 위에 올려놓으면 진공 흡입을 통해 혈류량 증가

e. 남성 지루 치료에 사용하는 교감신경계 흥분제 복용

❖ 오르가슴 장애 약물 치료

테스토스테론 _ 폐경 후 여성의 오르가슴 영역을 개선한다고 보고되고 있습니다.

에스트로겐 _ 갱년기 여성호로몬제 중에서 티볼론은 오르가슴 영역의 상당한 개선 효과가 있다고 보고되고 있습니다.

실데나필 _ '비아그라'로 잘 알려진 실데나필은 항우울제로 인한 불감증에 도움이 됩니다. 오르가슴의 잠복기를 감소시키고 성적 각성 장애가 있는 폐경 전 여성의 오르가슴 빈도를 증가시키는 효과가 있는 것으로 보고되고 있습니다.

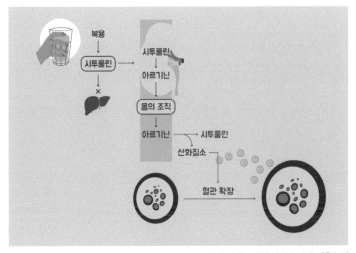

산화질소의 성기능 개선 기전 ⓒ림팩스(홍승수)

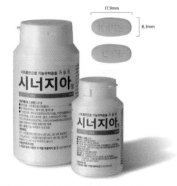

산화질소(NO) _ 산화질소는 혈관을 확장해 남녀의 성기에 영향을 미쳐 성기능 개선에 도움이 됩니다. 산화질소의 전구체로는 시트룰린과 아르기닌이 있습니다. 산화질소는 실데나필과 함께 여성의 불감증과 남성 발기부전에도 사용할 수 있는 성분으로

산화질소(NO)를 원료로 한 우리나라 의약품

아르기닌의 전구체인 시트룰린의 효과가 있는 것으로 최근에 밝혀졌습니다. 우리나라 제약회사에서 복용이 편리한 정제 의약품으로 개발했고 기능무력증 치료제로 처방이 가능합니다. 시트룰린 말산염은 많은 여성과 남성의 성기능 개선에 도움이 될 것으로 생각됩니다.

카베르골린 _ 보통 젖을 말리는 약으로 사용되는데, 프로락틴을 감소시켜 남성은 리비도가 상승하고, 여성은 오르가슴을 빠르고 반복적으로 느낄 수 있게 해줍니다. 0.5mg을 일주일에 2번 복용하면 70%에서 불감증이 개선되거나 완전히 회복된다고 보고되고 있습니다.

미도드린 _ 오르가슴 속도와 사정을 향상합니다. 성관계하기 2시간 전에 복용하며 효능은 30분에서 1시간 후에 나타나 4시간 동안 지속됩니다.

징코빌로바 _ 은행나무 추출물로 60mg 혹은 120mg을 사용할 수 있습니다.

원 포인트 레슨

남성 지루와 여성 오르가슴 장애에 대한 치료법이 많다는 것은 그만큼 속 시원한 치료법이 없다는 의미이기도 합니다. 그래서 여러 가지 시도를 해보기 바랍니다. 의학적 발전으로 더 나은 치료법이 나오기를 기대해 봅니다.

17   성교통 해결법

성교통의 원인은 다양합니다.

우선, 선천적으로 질이 약해서 잘 붓는 경우가 있습니다. 그런 경우는 윤활제를 쓰거나 충분히 애무하면 별문제가 없습니다.

질염으로 인해 질이 부어서 그럴 수도 있고 자궁근종이나 자궁내막증, 질경련증(vaginismus), 외음부 전정염 , 골반염에 의한 유착 등이 원인일 경우도 있습니다. 이런 경우 산부인과를 방문해 원인을 제거하는 것이 좋습니다.

질이 후굴이어서 성교통을 느낄 수도 있습니다. 남성의 페니스는 발기하면 위로 휘는데 여성의 질이 후굴이면 통증을 느낄 수 있습니다. 질 각도와 페니스 각도가 달라 생기는 고통이죠. 이런 경우는 후배위나 측위, 여성 상위 체위로 하는 게 좋습니다. 체위를 바꿔가면서 하다 보면 가장 통증이 적은, 자신에게 알맞은 체위를 찾을 수 있습니다.

성교통 증상이 하복부 통증이라면 정액에 들어 있는 프로스타글란딘 때문일 수도 있습니다. 프로스타글란딘은 자궁을 수축시키는 효과가 있거든요. 그래서 정액이 질 안에 들어오면 자궁을 수축시켜서 생리통처럼 배가 아픈 것입니다. 이런 경우는 콘돔을 사용하거나, 미리 프로스타글란딘 억제제인 이부프로펜, 나프록센, 덱시부프로텐 등의 NSAIDs(Non-Steroidal Anti-Inflammatory Drug, 비스테로이드성 항염증제)를 복용하는 것이 좋습니다.

성교통의 가장 큰 원인은 애액이 부족해서입니다. 눈물이 나오지 않는 안구건조증이 생기면 눈이 뻑뻑하고 아프듯이 질에서 애액이 나오지 않으면 피스톤 운동을 할 때마다 남녀 모두 아프고 고통스럽게 됩니다.
애액이 부족한 것은 여러 이유가 있습니다.
강박감이 있는 여성은 교감신경이 활성화되어 애액이 적게 나옵니다. 이럴 때는 명상을 하거나 포르노를 보는 등의 방법으로 긴장을 풀어 부교감신경을 활성화해야 합니다. 성적인 흥분에는 부교감신경이 관여하거든요.
전희 시간이 부족하거나 긴장감 등 정신적 이유로 인해 애액이 충분히 나오지 않을 수도 있습니다. 이런 경우는 클리토리스에 혈류량을 증가시키는 젤을 바르고 전희를 충분히 즐긴 후 삽입 섹스를 하면 성교통을 줄일 수 있습니다. 전희에서 바이브레이터를 활용하면 훨씬 더 효과가 좋습니다.
아무 문제가 없는 여성도 갱년기가 되면 애액이 적어집니다. 여성호르몬, 혈액순환과 관련이 있는데요. 갱년기로 인한 성교통은 여성호르몬 질정이나 약을 복용하면 도움이 됩니다. 질 레이저 치료를 받는 것도 아주 효과적인 방법이고요.

항히스타민제를 복용하거나 자가면역질환으로 스테로이드를 사용하는 경우, 고혈압·당뇨·우울증·뇌경색·유방암 등 다른 전신 질환이 있는 경우에도 질건조증이 올 수 있습니다. 이런 경우는 약을 바꾸거나 젤을 사용하고 질 레이저를 받는 것이 도움이 됩니다.

성교통을 줄이기 위해 마취제인 리도카인 젤을 사용하는 여성이 있는데 전문의로서 적극적으로 만류하고 싶습니다. 리도카인은 순간적으로 그 부위를 마취시키기 때문에 질 점막의 감각이 둔해져 여성은 성감을 느끼기 힘듭니다. 즐거움 없는 섹스 노동을 하는 것이죠. 억지로 성관계를 해야만 하는 상황이라면 일시적으로 도움이 될 수 있겠지만 이런 경우 리도카인보다는 에스트로겐 질정이나 젤을 사용하길 권합니다.

노력했는데도 좋아지지 않으면 산부인과 전문의의 상담을 꼭 받으세요. 단순히 질이 좁아서 아픈 것이라면 질을 넓히는 수술을 할 수도 있고, 수술을 원하지 않거나 수술할 정도가 아니라면 질 확장기(vaginal dilator)를 가장 작은 크기부터 질에 넣어 조금씩 질을 넓히는 방법으로 해결할 수 있으니까요.

위축성 질염은 여성호르몬제가 가장 효과적 치료법입니다. 질경련증이 있어 근육이 이완되지 않는다면 PC 근육에 보톡스를 주사하기도 합니다. 하지만 질경련증이 심하면 질정을 질에 넣는 것도 쉽지 않기 때문에 수면 마취를 하고, 시술해야 할 수도 있습니다.

이 모든 것을 다 사용했는데도 성교통을 느낀다면 질 레이저 시술을 권합니다. 질 점막의 콜라겐 합성을 자극해 질에 탄력을 주고, 질의 혈액순환을 자극해 애액 분비를 증가시키기 때문에 성교통 해소에 큰 도움이 됩니다. 질 레이저를 시술한 후 내진을 해보면 확실히 질이 따뜻해지고 촉촉해져 있습니다.

원 포인트 레슨

여성의 질건조증으로 인해 성교통이 생기면 남녀 관계에 틈이 생깁니다. 반면에 질건조증이 해결되면 성교통이 사라지고 남녀 관계에 꽃이 핍니다. 그러니 질건조증은 적극적으로 해결해야 합니다.

18   만성 골반통 해결법

검사상으로는 이상이 없는데 계속 골반 부위가 아프다는 여성이 있습니다. 또는 만성 질염이나 만성 방광염, 만성 생리통으로 고통받는 여성도 꽤 많습니다. 18~50세 여성의 약 20%가 1년 이상 만성 골반통을 호소하고 있습니다. 자궁적출술의 12%, 진단적 복강경의 40%가 만성 골반통 때문에 시행되고 있을 정도입니다.

만성 골반통은 정확한 원인 규명이 어렵고 항생제나 진통제 복용으로 해결되지 않는 통증이 6개월 이상 지속되는 경우를 말합니다. 생리통, 자궁선근증, 자궁내막증, 골반울혈증후군, 골반 유착, 외음부 전정염 증후군 등의 여성 질환이나 정신적 스트레스가 원인입니다.

등 쪽이나 허리의 통증이 골반 통증과 함께 지속되거나 여러 차례 골반염으로 치료받은 적이 있는 경우, 성관계 중 통증이 심해서 잠자리를 피하거나 여러 가지 검사를 해도 특별한 병이 없는 경우, 통증으로 인해 일상생활에 심한 지장을 초래하는 경우 이 진단을 할 수 있습니다.

진단을 위해서는 혈액검사 및 소변검사, 변 검사, 갑상샘 검사, 자궁경부암 검사, 질염 검사, 심전도, 흉부와 복부 및 척추 방사선검사 등을 통해 다른 질병 여부를 파악합니다.

CyRus의 비침습적 무통증 신호요법 고정전압 미세전류치료기

448 KHz 주파수를 활용한 INDIBA 치료기

혈액검사 _ 빈혈, 간 수치, 신장 수치, 당 수치, 염증 수치, 지질 수치, 난소암 수치, 여성호르몬 수치

정밀 검사 _ 스트레스에 대한 면역검사, 자율신경 검사

초음파 검사 _ 자궁 및 자궁부속기, 골반 내의 병적 이상 여부 및 자궁선근증 및 자궁내막증

진단적 복강경 검사 _ 자궁내막증과 유착 등의 골반 및 복부 내 장기 상태를 직접 확인

만성 골반통 치료는 약물 치료인 내과적 치료와 수술적 치료 방법이 있습니다. 진통제나 호르몬 조절 약물을 이용한 1차적 치료가 이루어집니다. 그런데 약물 치료 후에도 호전되지 않는다면 원인을 해결하기 위한 수술적 치료를 시행합니다.

자궁내막증이나 복강 내 유착, 조직의 섬유화 등으로 인해 발생했다면 병소가 의심되는 부분을 태워서 제거하기도 하고, 자궁 신경을 차단해 통증을 치료합니다. 경우에 따라 자궁적출술과 양쪽 부속기 절제술로 치료할 수도 있습니다.

원 포인트 레슨

만성 골반통을 종합병원에서 치료했는데도 효과가 없는 경우 질 안쪽과 바깥쪽을 모두 448KHz RF CAP mode와 RES mode를 사용하는 INDIBA나 불치성 통증 치료기인 Cyrus 치료를 시도해 볼 수 있습니다.

── Part 4 ──

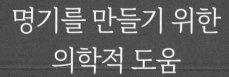

명기를 만들기 위한
의학적 도움

01   한 번도 못 느끼고 죽을 순 없다

50대 후반 여성이 저에게 하소연하듯이 이런 이야기를 하더군요.

"제가요, 지금까지 오르가슴이란 걸 한 번도 못 느껴봤어요. 오죽했으면 친구들에게 농담처럼 '나는 내 묘비에 한 번도 못 느끼고 가다!'라고 쓸 거야'라고 말하겠어요. 죽기 전에 꼭 한번 느껴보고 싶은데, 이젠 폐경으로 질이 건조해지고 아프니까 성관계 자체가 싫어졌어요. 저 같은 여자도 오르가슴을 느낄 방법이 있을까요?"

같은 여성으로서 마음이 아팠습니다. 이렇게 평생 오르가슴을 한 번도 느끼지 못한 여성이 한둘이겠습니까. 저에게 온 이상 최선을 다해 이 여성에게 오르가슴을 느끼게 해주고 싶었습니다.

질압과 질 너비를 측정했더니 질압은 정상의 2분의 1에 불과했고, 질 너비는 정상의 1.6배에 달했습니다. 한마디로 헐겁고 조임이 없었던 거죠.

상담을 통해 적절한 질 성형을 해주고, 진동기 처방도 해주었습니다. 자위하는 방법과 케겔운동법도 자세히 알려주고요.

한 달 후 다시 병원을 찾은 그녀에게 요즘 상태를 물어보았습니다. 애액이 많아지고, 성관계가 너무나 좋아졌다며 좋아하더군요.

그런데 이번엔 남편이 문제였습니다. 조루인 데다 최근엔 발기력마저 떨어졌다는 겁니다. 그녀의 오르가슴 욕구를 해결하려면 남편의 성기능 개선도 시급했습니다. 남편을 위해 발기력 향상과 사정 지연을 위한 처방을 해주었죠.

그 후 발기력도 좋아지고 발기 시간도 15분 정도로 늘었다고 합니다. 당연히 부부간의 애정 강도는 훨씬 높아졌고요. 전에는 말없이 피스톤 운동만 하던 남편이 성관계를 하는 동안 "사랑한다"는 말을 열 번 넘게 할 정도라고 합니다.

이렇게 부부 성생활이 달라진 데에는 질 성형 시술도 한몫했지만, 무엇보다 그녀의 노력이 컸습니다. 그녀는 부부가 모두 만족스러운, 부부가 모두 행복해지는 섹스를 하기 위해 성교육에도 관심을 갖고 제유튜브 영상 수백 편을 모두 찾아 열심히 보았으니까요.

이젠 그녀가 그토록 바라던 소원이 곧 이루어질 것 같습니다. 지난번 내원했을 때는 클리토리스를 자극하는 진동기를 처방해 달라고 하더니 이번엔 G스폿을 자극하는 진동기를 처방해 달라고 했으니까요. 곧 오르가슴을 마음껏 느끼게 될 날이 올 것입니다.

간절히 바라는 꿈이 있다면, 그 꿈을 이루기 위해 열심히 노력하면 반드시 이루어집니다. 특히 성 문제는 본인의 노력도 중요하지만 필요한 경우 전문의의 도움을 받아야 합니다.

현대 의학의 도움도 마찬가지입니다. 고혈압이 있으면 당연히 내과를 찾아 고혈압약을 먹어야 하고, 눈이 안 좋으면 안경을 쓰거나 안과 치료를 받아야 하듯이 성기능에 문제가 있다면 산부인과나 비뇨기과를 찾아 약 처방을 받거나 기구를 활용하고, 필요하면 시술을 받는 게 당연한 일입니다.

원 포인트 레슨

사랑한다는 말을 서로 주고받는 성관계를 하세요. 그리고 병이 있으면 병원을 찾는 것처럼 성기능에 장애가 있으면 반드시 산부인과나 비뇨기과를 찾아가세요. 눈이 아픈 것이 부끄러운 것이 아닌 것처럼 성기능이 떨어지는 것도 부끄러운 일이 아니랍니다.

02 질을 리모델링하자

한 환자가 씩씩거리며 진료실로 들어섭니다. 눈에 눈물까지 맺혀 있는 게 많이 억울한 일이 있었던 모양입니다.

"얼마 전에 남편이랑 성관계를 하는데 남편이 갑자기 '자기야, 힘 좀 줘봐' 그러는 거예요. 저도 예전 같지 않게 질이 헐겁고 느슨해졌다는 느낌을 받고는 있었어요. 하지만 남편에게 이 말을 들으니 자존심이 확 상하더라고요."

그날 이후로 그녀는 남편과 말도 섞지 않고 있다고 합니다.

"힘 좀 줘보라고? 질이 늘어난 게 뭐 내 탓인가요. 그런데 시간이 지날수록 상실감이 밀려오더군요. '아, 나도 이제 여자로서의 삶은 끝이구나' 싶어 괜히 울적하고 서글퍼지더라고요. 눈물도 핑 돌고."

10년 이상 탄 자동차는 당연히 이곳저곳 결함이 생기게 마련입니다. 평소에도 관리를 잘해야 하지만 10년이 넘으면 대대적으로 정비해야 합니다. 집도 수십 년을 살면 여기저기 하자가 생기게 마련이죠. 그런 경우 그때그때 문제가 생긴 곳만 고치기보다 전체적으로 리모델링을 하면 새집에 이사 온 기분으로 살 수 있습니다.

사람의 몸도 마찬가지입니다. 평소에도 잘 챙겨야 하지만 특히 갱년기가 되면 대대적인 보수가 필요합니다. 여성은 더욱 그렇죠. 하드웨어는 물론 소프트웨어까지 모두 재정비할 때입니다.

신체가 노화되면 기능이 떨어지고, 외모가 늙는 건 어쩔 수 없습니다. 하지만 이를 조금씩 늦출 수는 있습니다. 안티에이징은 피부나 외모뿐 아니라 장, 근육, 혈관, 뇌 등 몸의 어떤 부분이든 필요합니다. 특히 질의 회춘은 절대적으로 중요하고요.

차를 새로 사고, 집을 수리하는 데는 수천만 원, 수억 원씩 쓰면서 자신의 몸에는 한 푼도 투자하지 않는 것은 문제가 있습니다. 자신의 얼굴과 몸매를 다듬는 것도 중요하고, 지식과 교양을 쌓는 데 투자하는 것도 필요합니다. 하지만 그 이상으로 중요한 게 질에 대한 투자입니다. 질은 여성에게 자존심 자체이니까요.

질이 건강하면 육체적으로 건강할 뿐 아니라 만족스러운 성생활을 영위할 수 있습니다. 피부 관리를 받으면 피부가 탱탱해지듯이 질도 관리를 받으면 애액이 잘 나와 성교통이 사라지는 것은 물론 탄력이 생기고 따뜻해지고 감각이 좋아져 오르가슴을 잘 느끼게 됩니다.

또한 페니스를 잘 물어주게 돼 남성은 황홀경에 빠지게 됩니다. 이런 질이라면 남성에게 쉼터이자 안식처가 됩니다. 이런 편하고 멋지고 자극적인 질을 만들면 남편이 다른 곳을 기웃거릴 이유가 없죠.

그녀는 주위 조언으로 케겔운동을 해보았지만 별 효과를 보지 못했다고 합니다. 사실 케겔운동이 좋은 운동인 것은 분명하지만 어디까

지나 보조적 수단일 뿐입니다. 운동은 운동일 뿐 의술과 같은 효과를 가질 수는 없으니까요. 늘어난 질 입구가 케겔운동을 한다고 해서 금방 좁혀지는 것은 아니거든요. 증상이 심하지 않거나 수술과 함께 꾸준히 하면 어느 정도 효과를 볼 수 있지만 케겔운동만으로 큰 효과를 얻기는 힘들어요.

필자와 상담 후 질 성형 시술을 한 그녀는 요즘 '제2의 신혼'을 사는 기분이라고 합니다.

"요즘은 새로운 인생을 사는 것 같아요. 여자의 몸은 악기와 같다더니 성관계를 하면서 예전엔 느끼지 못했던 성감이 하나둘 깨어나는 걸 온몸으로 실감하고 있어요. 이런 기분을 느껴본 게 언제였는지 모르겠어요. 20대 신혼으로 돌아간 것 같다니까요."

질이 좋아지면 남편과 성관계의 질도 좋아지고, 덩달아 삶의 질도 좋아집니다. 즉 세 가지 질이 모두 좋아지는 거죠.

지금 당신의 질 상태는 어떤가요. 질 상태가 걱정된다면 산부인과를 찾아 상담해 보세요. 당신의 상태에 맞는, 당신의 고민을 해결해 줄 다양한 치료 방법이 있으니까요.

원 포인트 레슨

저절로 좋아지는 것은 없습니다. 집을 인테리어하는 것처럼 질도 리모델링을 해야 합니다. 우리 몸이 나이가 들면 질도 함께 노화하지만, 관리를 잘하면 얼굴 피부가 젊어지듯이 질도 젊어집니다.

03   질 성형 시술의 변화

여성의 사회적 지위와 경제적 능력이 높아짐에 따라 가장 달라진 게 있다면 '성의 자기결정권'을 갖게 됐다는 게 아닐까 합니다. 이를 가장 잘 보여주는 게 '질 성형' 트렌드의 변화입니다.

30년 전만 해도 처녀막 재생 수술이 대다수였습니다. 하지만 지금 처녀막 재생 수술을 하는 여성은 거의 없습니다. 또한 10년 전만 해도 질 성형을 하는 이유가 남성에게 잘 보이기 위해서, 남성에게 즐거움을 주어 사랑받기 위해서가 100%였다면 지금은 자존감을 높이기 위해, 내가 즐겁기 위해서 하는 여성이 절반이 넘습니다. 남성을 위한 수술에서 남성도 좋고 여성도 좋은 수술이나 시술로 트렌드가 바뀐 것이죠.

의학 기술이 발달하면서 질 성형도 이쁜이수술뿐 아니라 종류도 많아지고, 질 레이저, 질 필러, PRP, RF, 줄기세포, exosome 등 선택의 폭이 다양해졌습니다.

이쁜이수술은 아이를 출산했거나 이런저런 이유로 질이 이완되어 성적 자존감이 떨어졌을 때 가장 많이 하는 수술입니다. 아이를 여럿

낳으면서, 또는 나이가 들면서 헐거워진 질을 젊은 시절의 폭으로 줄여주는 것입니다.

질이 좁아지는 효과를 볼 수 있고, 효과도 오래갑니다. 단점은 수술 후 무통 주사를 맞아야 할 정도로 통증이 있고, 회복하는 데 4~6주 정도가 소요되며, 그동안 금욕해야 한다는 점입니다.

수술이 싫거나 겁이 나는 경우 이를 대신할 것이 없을까요?

최근 인기가 많은 것이 질 레이저 시술입니다. '질의 회춘술'이라고 할 정도로 질에 탄력이 생기고, 질의 폭이 줄고, 요실금 증상이 좋아지고, 질 건조로 인한 성교통이 줄어들어서 질이 젊은 시절로 돌아간 것처럼 해주는 시술입니다. 성관계를 해보면 당장 그 효과를 느낄 수 있죠.

이쁜이수술이나 질 레이저 시술을 해야 할 만큼 헐겁지는 않지만 질의 폭을 어느 정도 좁히고 싶다면 질 필러를 넣거나, 자기 지방을 빼서 질에 채우거나, 줄기세포를 포함한 자가 지방이식, 자가 진피이식 등을 고려할 수 있습니다.

얼굴에 지방이나 필러를 넣는 것과 같은 원리입니다. 얼굴에 지방이나 필러를 넣어 얼굴 피부를 팽팽하게 하듯이 질에 볼륨을 채워 질의 폭을 줄여서 질이완증을 줄이고 질에 엠보싱 역할을 하는 것이죠. 이쁜이수술보다 회복과 금욕 기간이 짧은 것이 장점입니다. 대신 2~3년에 한 번씩 시술을 받아야 합니다.

여성에게 지적 능력 향상, 피부 관리, 몸매 관리, 치아 관리도 중요하지만 산부인과 의사로서 무엇보다 질 관리가 중요하다고 말하고 싶습니다.

질 관리는 남편에게만 좋은 게 아닙니다. 질건조증으로 인한 성교통이 줄어들기 때문에 당연히 여성 본인의 성적 만족도가 높아집니다.

또한 성관계 후 남편의 만족도도 높아집니다. 남편의 성적 만족도가 높아지면 당연히 아내의 자존감도 높아지고, 그래서 오르가슴도 더 느끼기 쉬워집니다. 부부 사이가 좋아지는 것은 당연하고요.

모든 인간관계가 그렇지만 남녀 관계, 특히 부부관계는 상호 보완적이어야 합니다. 나도 좋고 상대방도 좋아야 관계가 오래갑니다. 한쪽만 계속 희생하다 보면 언젠가 갈등이 터질 수밖에 없습니다. 여러 가지 방식으로 서로를 위해 노력해야 합니다.

자신의 성적 기능을 향상하고 싶다면 전문의와 상담하고 자신에게 잘 맞는 솔루션을 실행하길 바랍니다. 노력한 만큼 남녀관계든 성기능이든 좋아지기 마련이니까요.

원 포인트 레슨

You try it! 시작이 반입니다. 일단 시도하고 시작하세요. 무언가 한 가지를 노력해서 부부관계가 좋아진다면, 단연코 질 관리입니다. 이것은 30년 이상 산부인과 전문의로서 경험한 후에 내린 결론입니다.

04   질이 좋아지면 부부관계의 질도 좋아진다

정기적으로 저에게 진료를 받는 환자가 있습니다. 갈수록 질건조증이 심해지기에 질 성형술의 하나인 질 레이저 시술을 권했는데, 그때마다 그녀는 수줍게 웃으며 손을 내젓곤 했죠. "이 나이에 써먹을 일도 없는데 뭐 하러 해요"가 그녀의 대답이었습니다.

그녀는 3년 넘게 성관계를 거의 하지 않았다고 했습니다. 몇 달에 한 번 억지로 하는 정도라고 합니다. 남편의 외도가 걱정되지 않느냐고 묻자 "그럼 그냥 모른 체하고 살아야죠" 하더군요. "차라리 남편이 밖에서 성욕을 해소했으면 좋겠다"고 할 정도로 성교통이 심하다고 했습니다.

몇 번 더 권하자 호기심에 시술을 받았습니다. 그렇게 마지못한 듯 두 번을 받더니 다음엔 피부 관리를 받겠다고 예약하고 와서는 질 레이저 시술을 더 받겠다고 하더군요.

시술하는 시간은 환자가 가장 솔직하게 내면의 이야기를 꺼내는 시간이기도 합니다. 그래서 시술 후 어떤 변화가 있었는지 물어봤죠.

"너무 좋았어요. 전에는 아파서 섹스하는 게 죽을 만큼 싫었는데, 안 아프니까 좋더라고요."

그녀는 평소 남편과 자주 싸우고 이혼 위기도 여러 번 있었다고 했습니다. 성관계를 거부하면 남편은 며칠씩 말도 안 하고, 그녀를 없는 사람 취급하거나 차가운 눈빛으로 쳐다봤고, 툭하면 화를 내고 무시하는 말과 행동을 서슴지 않았다고 합니다. 그 때문에 그녀는 마음에 상처도 많이 받았고요.

그런데 질 레이저 시술 후 부부 싸움을 할 일이 없어졌다고 합니다. 성관계를 한 후 남편이 달라진 것입니다. 퉁명스럽던 말투가 바뀌고 그녀에게 상처 주는 말과 행동을 거의 하지 않는다고 합니다. 오히려 말이 많아지고 친절해졌다나요.

가장 놀라운 것은 남편의 눈빛이 따뜻하게 바뀐 것이었습니다. 같이 TV를 보다가 쳐다볼 때도, 밥을 먹으면서 쳐다볼 때도 눈에서 따뜻함이 묻어난다고 합니다. 성관계를 하고 싶은 날엔 자청해서 청소며 설거지를 하겠다고 나서고요.

"남편이 그렇게 달라질 수 있다는 게 너무 놀라웠어요. 엉덩이를 툭툭 치면서 '아이고, 예뻐!'라고 얘기하고. '이 남자 옛날엔 이렇게 자상했는데' 하는 생각도 나고. 그동안 느끼기 힘들었던 남편의 따뜻함을 다시 찾으니 너무 행복하죠. 질이 건조해서 성교통이 심할 때는 남편이 하자고 할까 봐 긴장되고 짜증이 났는데, 이제 남편이 원할 때마다 거절하지 않고 하니까 남편이 너무 좋아해요. 전에는 남편이 바람을 피우는 꿈을 꿨는데 지금은 남편과 사랑하는 꿈을 꾸더라고요."

그녀는 남성에게 섹스가 이렇게 중요한 건지 미처 몰랐다고 말합니다.

그녀 자신도 자신 있게 성관계를 할 수 있게 되면서 '내가 아직 여자 기능을 할 수 있구나!' 하는 성적 자존감이 회복됐다고 합니다.

그녀는 시술 후 유일한 부작용이 있다면 남편이 너무 자주 성관계를 하자고 조르는 것이라며 웃었습니다. 불과 몇 달 전 방문했을 때의 어둡고 칙칙한 얼굴빛은 사라지고 밝고 자신감이 넘치는 분홍빛 얼굴이었습니다.

질이 회춘하면 부부관계가 좋아집니다. 가방끈이 길든 짧든, 나이가 적든 많든, 부자든 가난하든 상관없이 부부 사이에 성관계는 중요합니다. 그래서 어떻게든 자신의 성기능을 살리고 보존해야 합니다. 성기능은 화롯불의 불씨와 같아서 조금이라도 살아 있을 때 되살려야지, 완전히 죽으면 되살리기가 무척 어렵거든요.

원 포인트 레슨

질 회춘 시술의 가장 큰 부작용은 재수 없으면 평생 성관계가 가능하다는 것입니다. 그리고 평생 부부 사이가 좋아지는 것입니다. 이렇게 좋은 시술이 또 어디 있을까요? 이런 부작용이라면 얼마든지 시간이든 돈이든 투자해야겠죠.

05 명기를 위한 '대음순 성형술'

지금부터 여성의 성기를 회춘시켜 주는 다양한 치료법을 알려드릴
게요. 먼저 대음순 성형술입니다.

음순은 음핵과 질을 보호하는, 치구(불두덩)에서 항문으로 이어지
는 한 쌍의 두꺼운 피부 주름입니다. 라틴어로 라비움(labium)이라
고 하는데 입술이란 뜻으로, 랑베레(핥는다)에서 유래했습니다. 한자
음순(陰脣)도 '드러나지 않은 입술'이란 뜻입니다. 동양이든 서양이
든 예부터 여성의 입술은 위에 있든 밑에 있든 핥아서 맛보고 싶은 부
위인 모양입니다.

음순은 대음순과 소음순이 있어요. 대음순은 소음순을 감싸고 있는
여성 외음부의 두툼한 바깥 테두리 주름입니다. 어릴 때는 핑크색이
나 황백색을 띠다가 나이가 들면서 색소침착이 강해져 갈색을 띠죠.

대음순은 크기가 상하 길이 7~8cm, 너비 2~3cm, 두께 1~1.5cm
로 소음순을 감출 정도가 이상적입니다. 좌우 균형이 좋고, 주변 조직

과 조화를 잘 이루며 도톰한 것이 예뻐 보이죠.

대음순은 피하지방과 탄력섬유가 발달해 두껍고 탄력이 뛰어납니다. 그래서 성교할 때 충격을 흡수하는 역할을 하죠. 혈관이 많이 분포되어 있어 성감이 예민하고요. 성적으로 흥분하면 부풀어 오르고 두꺼워집니다.

대음순은 여성의 성적 매력을 좌우하는 중요한 요소 중 하나일 뿐 아니라, 명기의 주요 조건 중 하나라 할 수 있습니다.

그런데 나이가 들면 지방이 줄어들면서 탄력이 사라지기 쉽습니다. 대음순이 빈약하고 늘어지면 보기에도 좋지 않을 뿐 아니라 성관계를 할 때 치골끼리 부딪치면서 아플 수밖에 없죠. 또한 색이 흑갈색이나 검은색으로 짙어지는 경우도 있습니다. 이런 이유로 성적 자존감이 떨어져 있다면 '대음순 성형술'을 고려해 볼 수 있습니다.

대음순 성형술에는 우선 '대음순 확대술'이 있습니다. 지방이 부족해 빈약하고 늘어졌을 때 적정량의 지방이나 필러를 주입해 이상적인 모양으로 개선하는 것이죠. 도톰하게 만들어 쿠션 기능도 회복하고 모양도 좋게 할 수 있습니다.

지방이식은 자가지방이식, 줄기세포지방이식, PRP 등이 있어요. 자가지방이식은 자신의 복부나 허벅지, 엉덩이 지방을 채취해 고도로 정제한 후 살아 있는 지방세포만을 이식하는 것입니다. 보통 3회 정도 시술합니다. 줄기세포지방이식은 일반적인 자가지방이식에 비해 생착률이 2~3배 더 높아 1회 수술로도 만족도가 높습니다.

빠른 시술을 원하거나, 너무 말라서 지방을 채취할 수 없다면 필러를 이용한 대음순 확대술이 좋습니다. 시술 시간이 짧고 효과가 바로 나타나는 장점이 있습니다.

노화로 인해 대음순 지방이 적고 피부가 처진 상태라면 대음순 지방이식과 함께 주름 제거와 리프팅으로 젊고 매혹적인 대음순으로 변화시키는 대음순 거상술이 안성맞춤입니다. 이때 양쪽 불균형인 대음순도 교정할 수 있습니다.

지방이 꺼진 대음순과는 반대인 경우도 있습니다. 갑자기 살이 많이 찌면 늘어난 살로 인해 대음순이 지나치게 돌출되어 성관계할 때 음경이 충분히 삽입되기 힘들 수 있어요. 이런 경우는 대음순 지방흡입술이 해결 방법입니다. 복부 지방 흡입도 함께 할 수 있어요.

대음순은 보통 선홍빛이나 연한 갈색을 띠는데 흑갈색이거나 아예 검은색인 경우가 있습니다. 건강과는 아무 상관이 없지만 이로 인해 성적 자존감이 떨어질 수 있습니다. 이런 경우는 미백 토닝 레이저로 대음순 피부 톤을 밝게 해주는 것만으로도 성적 자존감을 회복할 수 있습니다.

대음순 성형술은 통증이나 흉터가 거의 없고 회복도 빠릅니다. 수술 후 행복해지고 자존감이 살아난다는데 마다할 이유가 있을까요?

원 포인트 레슨

대음순은 얼굴의 볼과 같습니다. 나이가 들면 처질 수 있고, 살이 너무 많거나 적을 수 있습니다. 얼굴이 노화하면 다시 젊고 예쁘게 만들기 위해 관리하는 것처럼 대음순도 관리가 필요합니다.

06   명기를 위한 '소음순 성형술'

대음순 안쪽으로 클리토리스 바로 위에서부터 질 입구의 아래까지 양 날개 모양으로 이어진 부위가 소음순입니다. 클리토리스, 요도, 질을 둘러싸고 있어 외부로부터 오물이나 세균을 막고 보호하는 역할을 하죠.

소음순은 어쩌면 얼굴보다 더 중요한 부위라 할 수 있습니다. 아무리 얼굴이 예쁘고 몸매가 좋아도 소음순에 콤플렉스가 있으면 성적 자존감이 떨어질 수 있으니까요.

사람마다 얼굴이 다른 것처럼 소음순도 저마다 다르게 생겼습니다. 길이와 넓이, 두께, 모양이 제각각이죠. 같은 사람이라도 체형 변화나 나이, 임신과 출산에 따라 조금씩 변합니다.

어떤 소음순이 예쁜지는 사람마다 기준이 다르지만 그래도 보편적으로 예쁘다고 하는 모양이 있습니다. 가지런하고 하얀 치아가 보기 좋고 키스를 부르듯이 단정하고 예쁜 소음순은 핥고 싶은 생각이 절로 들게 만듭니다. 소음순이 예쁘면 여성의 아랫도리 전체가 다 예뻐 보입니다.

남성들은 대음순, 클리토리스와 자연스럽게 조화를 이루며 선명하

246   명기 만들기

고 건강한 피부색의 소음순을 좋아합니다. 또한 양쪽 크기가 같으면서 대칭을 이루고, 대음순의 바깥 경계를 넘지 않으면서 요도와 질 입구를 살짝 덮는 정도가 예뻐 보이죠.

소음순의 한쪽, 또는 양쪽이 지나치게 크거나 늘어진 경우, 심하게 쭈글쭈글한 경우, 양쪽이 보기 흉할 정도로 비대칭인 경우, 색깔이 너무 검은 경우, 소음순 끝이 헤진 듯이 울퉁불퉁하고 너덜거리는 모양이라면 미용 측면에서 수술을 고려할 만합니다. 남성이 오럴섹스를 기피하는 이유가 될 수 있으니까요.

특히 소음순이 질 입구와 요도를 덮을 정도로 크거나 늘어져 있으면 모양이 흉한 것은 둘째치고 질염이 자주 생길 수 있습니다. 소음순이 비대하면 소변 줄기 방향이 똑바르지 못하거나 심하면 한쪽 다리로 흐를 수 있습니다. 오럴섹스를 할 때 걸리적거리거나 삽입 섹스를 할 때 손으로 열어야 한다든지, 운동할 때 팬티에 자꾸 낀다면 수술을 생각해야 합니다.

소음순 성형술

소음순을 원하는 예쁜 모양과 색으로 성형하는 방법입니다. 통증이 거의 없고 자연스러운 모양을 만들 수 있습니다. 수술 시간도 30분에서 1시간 정도밖에 걸리지 않고, 전신마취도 필요 없어요. 몸에 부담 없는 국소마취나 수면마취로 가능합니다.

깨어나서도 후유증이나 통증이 전혀 없어요. 수술 후 30분 정도 휴식을 취하면 병원을 나설 수가 있고, 수술 다음 날 출근이 가능합니다. 회복 속도에 따라 2~4주 뒤면 성생활이 가능하고요. 수술 후 한 달이면 모양이 잡히는데, 시간이 흐를수록 점점 더 자연스러워집니다.

수술 후 소음순이 완전히 모양을 잡는 데 3~6개월 정도가 걸리고, 2개월이 지나야 부기가 빠지니까, 수술 후에는 너무 자주 거울을 보는 걸 자제하는 게 좋습니다. 왜냐면 수술 결과에 영향을 주지 않으면서 수술 부위를 보는 것만으로도 스트레스가 되니까요. 소음순 수술은 수술 후 만족도가 95% 이상입니다.

여성의 변신은 무죄라는 말은 얼굴에만 해당하는 게 아닙니다. 쌍꺼풀이나 코를 성형하듯 소음순도 예쁜 꽃잎처럼 만들 수 있습니다. 이를 통해 잃어버린 자신감을 되찾게 해주는 변신술인 셈이죠.

원 포인트 레슨

소음순은 입술처럼 중요합니다. 보기에 좋은 떡이 먹기에도 좋은 것처럼, 단정하고 깔끔한 소음순은 남성이 오럴섹스를 하고 싶을 정도로 섹시하거든요.

07   명기를 위한 '음핵 고정술'

클리토리스(음핵)는 발생학적으로 남성 페니스의 귀두와 같습니다. 크기는 팥알 정도에 불과하지만, 혈관 조직이 밀집해 있어 자극을 받으면 부풀어 오릅니다. 특히 신경섬유가 남성 페니스 귀두보다 몇 배나 많이 밀집해 있는, 여성의 가장 예민한 성감대입니다.

대부분 평소엔 반쯤 노출돼 있습니다. 그러다가 성적으로 흥분하면 부풀어 오르면서 대부분이 노출되는데, 이 상태에서 마찰을 계속하면 오르가슴을 느끼게 됩니다.

그런데 표피에 완전히 덮여 있다면 직접적인 자극을 받을 수가 없습니다. 따라서 오르가슴을 느끼기가 힘들죠. 특히 동양 여성은 서양 여성에 비해 선천적으로 두꺼운 피부가 클리토리스를 덮고 있어 상대적으로 성감이 떨어질 수밖에 없습니다. 그마저 나이가 들면서 피부가 점점 더 처져 클리토리스를 완전히 덮게 됩니다.

클리토리스가 노출돼 있지 않은 것은 오르가슴 장애의 한 요인일 뿐이지만, 문제는 이런 여성 대다수가 자신이 왜 오르가슴을 느끼지 못하는지 이유도 모르고 산다는 것입니다.

클리토리스가 표피에 덮여 있는 문제를 해결해 주는 게 '음핵 고정술(음핵 표피 노출술)'입니다. 표피를 적정선에서 정리해 노출되게 하고 고정하는 것이죠. '클리토리스 포경'이라고 하면 쉽게 이해될 것입니다. 피부에 덮여 있던 클리토리스가 노출되면 성적 자극에 민감해져 성생활에 활력이 생깁니다.

'음핵 포경'과 함께 '음핵 거상술'을 같이 하면 좋은데요. 음핵 거상술은 처진 클리토리스를 들어 올리는 것으로, 이렇게 하면 함께 처져 있던 소음순이나 대음순도 같이 올라가 성감이 좋아지는 효과가 있습니다.

음핵 고정술이나 음핵 거상술은 간단한 수술입니다. 국소마취나 수면마취로 가능합니다. 통증도 없고, 소요 시간도 30분 정도로 짧은 편입니다. 수술 후 30분 정도 지나면 바로 귀가해 일상생활로 복귀할 수 있고요. 다만, 2주 동안은 성생활을 금해야 하며 꼭 끼는 옷은 삼가는 것이 회복에 도움이 됩니다.

간단한 수술이라고 해도 얕봐서는 안 됩니다. 표피를 너무 많이 잘라서 클리토리스가 지나치게 노출되면 오히려 아플 수가 있습니다. 이것이 임상경험이 풍부하고 숙련된 의사를 선택해야 하는 이유입니다.

원 포인트 레슨

여성에게 클리토리스는 몸에서 가장 중요한 핵심입니다! 왜냐면 클리토리스는 남성의 페니스와 상동기관이고, 유일하게 여성의 몸에서 성감만을 위해 존재하는 기관이기 때문입니다.

08   명기를 위한 '이쁜이수술'

   남성의 성적 만족감을 높여주는 가장 적절한 시술이 성기확대술이라면, 여성의 성적 만족감을 높이는 대표적 시술이 질 축소 성형(이쁜이수술)이 아닐까 싶습니다. 이쁜이수술은 수술 후에 여성이 예뻐 보이기 때문에 붙여진 별칭 같은데, 정말 적절한 별칭이라 할 수 있습니다.

   이쁜이수술은 출산과 오랜 부부 생활, 노화로 인해 늘어진 질을 젊은 시절처럼 타이트하고 꽉 찬 느낌으로 만들어줌으로써 성감을 높여주고 성생활의 질을 높여줍니다. 오래된 집을 새 단장하면 새집으로 이사한 효과를 주는 것처럼 부부관계를 리프레시해 줄 수 있습니다.

   이쁜이수술은 쉽게 설명하면 88이나 99 사이즈인 질 크기를 44나 55로 줄이는 것입니다. 단순히 늘어난 질을 좁히는 것에 그치지 않고 처녀 때처럼 좁고 탄력 있는 상태로 만들어줍니다. 이쁜이수술의 핵심은 여기에 있습니다.

   질을 좁히는 과정에서 항문과 질을 떠받쳐 주는 골반 근육을 잡아당겨 연결해 주면 탄력성이 높아져 처져 있던 방광과 직장이 제 위치로 복원됩니다. 그러면 질의 각도가 정상으로 되고, 삽입 섹스를 할 때 타이트하고 꽉 찬 느낌을 주게 돼 성감이 좋아집니다. 골반 근육을 복원시키지 않으면 금방 질이 다시 늘어나기 때문에 반드시 이 작업을 해야 합니다.

여기에 더해 수술 후 케겔운동을 꾸준히 하면 질 근육의 수축력을 더욱 증가시킬 수 있고, 이쁜이수술 후에 질 레이저로 관리하면 탄력 있고 촉촉한 질을 유지할 수 있습니다. 얼굴에 리프팅 수술을 한 후에 피부 관리를 받거나 피부 레이저 시술을 받는 것과 같다고 생각하면 쉽게 이해할 수 있을 것입니다.

이쁜이수술은 개인마다 다르게 디자인할 수 있습니다. 예를 들면 남편의 페니스 크기, 성관계 빈도, 오르가슴을 느끼는 빈도, 부부의 금실, 질의 탄력, 갱년기, 요실금이나 자궁·질 탈출증, 직장류, 방광류 등을 고려해 수술 방법을 다르게 하거나 추가할 수 있는 거죠. 기성복이 아닌 맞춤옷으로 만든다고 할 수 있습니다.

이혼 위기에 있던 부부가 필자에게 이쁜이수술을 받은 후 제2의 신혼을 시작했다는 경우가 너무 많습니다. 몇 년 전, 필자에게 수술받은 여성도 그런 경우입니다.

그녀는 둘째 아이를 낳고 얼마 지나지 않은 때부터 남편의 외박이 잦아졌습니다. 심할 때는 중국 출장을 가서 몇 달씩 집에 들어오지 않았고요. 물증은 없지만 직감적으로 남편에게 여자가 생겼다는 느낌이 강하게 들었다고 합니다. 배신감과 함께 자존감이 바닥까지 떨어졌죠.

이혼까지 생각하던 그녀는 "마지막으로 노력이라도 해보라"는 저의 조언을 듣고 이쁜이수술을 결심했습니다. 큰맘 먹고 수술을 결정했지만 사실 별 기대는 하지 않았다고 합니다.

그런데 기적이 일어났습니다. 남편의 중국 출장에 맞춰 이쁜이수술을 했는데 한 달 후 돌아온 남편이 잠자리를 같이하더니 그 후 중국 출장은 물론 외박도 하지 않는다고 합니다. 전에는 이름이나 호칭도 부르지 않고 "야~"라고 하던 남편이 "자기야"라고 부르고요.

✦ 이쁜이수술이 필요한 경우

- 여러 가지 이유로 인한 질 근육의 이완과 탄력 저하를 교정하고 싶을 때
- 성관계 시 질에서 방귀 소리가 날 때
- 성관계 시 남편이 자꾸 조여보라고 얘기할 때
- 성관계 시 헐거워진 느낌을 없애고 좀 더 나은 성생활을 원할 때
- 특히 출산 후 요실금 증상이 나타나고 질이 헐겁게 느껴질 때
- 처녀 시절로 다시 돌아가고 싶을 때
- 부부 사이에 리모델링이 필요하다고 느낄 때
- 페니스가 큰 남성과 헤어지고 페니스가 작은 남성을 만났을 때
- 남편이 외도하는 느낌이 들 때
- 성적 자존감을 회복하고자 할 때

"인생이 이렇게 달라질 수도 있다는 게 그저 놀라울 따름이에요. 뭐랄까, 여자로서 다시 태어난 것 같다고나 할까요. 생전 집 안에선 손가락 하나 까딱 안 하던 사람이 밤마다 직접 이부자리를 펴고 저를 기다려요. 무덤덤하던 부부 사이가 좋아지니 제 얼굴에도 생기가 도나 봐요. 친구들이 '너 바람났니? 되게 예뻐졌다'며 놀린다니까요."

그녀는 이쁜이수술 효과가 이 정도인지 몰랐다고 말합니다. 남편에게 만족스러운 성생활이 이렇게 중요한 건지도 몰랐다고 하고요. "다시 남편을 찾고 가정을 지키게 되어 너무 고맙다"며 내 손을 잡고 눈물을 흘리는 그녀를 보며 산부인과 의사 하기를 잘했다는 생각이 들었습니다.

원 포인트 레슨

이쁜이수술만큼 시술 하나로 부부 사이가 이렇게 좋아지는 일은 드물 것입니다. 다시 신혼으로 돌아가고 싶거나 느슨해진 부부관계를 꼭 조이고 싶다면 이쁜이수술을 고려해 보기 바랍니다.

09　명기를 위한 '질 성형술 3종 세트'

　산부인과에 찾아올 때 한 가지 문제가 아닌 복합적인 문제로 찾아오는 경우가 많습니다. 그것은 나이가 들면서 질이 이완되고 음핵과 소음순이 처지기 때문인데요. 그래서 이 세 가지를 한 번에 교정하는 수술을 흔하게 합니다. 이른바 이쁜이수술, 소음순 성형술, 음핵 거상술을 동시에 하는 '질 성형술 3종 세트'이지요.

　여기에 질 점막을 빨래판처럼 만드는 시술을 추가할 수도 있고, G스폿 증폭 시술을 함께 하면 성감이 극대화되는 효과를 얻을 수 있습니다.

　이런 질 성형술은 질 안쪽 부위까지 수술 시야를 확보할 수 있어서 질 점막뿐 아니라 주위 근육과 근막의 교정이 가능해 처녀 때와 같은 질 수축력을 가질 수 있게 합니다. 또한 골반 깊은 부위까지 골반 근육을 더욱 강화할 수 있고요.

　많은 여성이 전신마취에 대한 두려움과 무척 아프다는 인식 때문에 질 성형수술을 주저하는 경향이 있는데, 이 수술은 전신마취가 필요 없고 수면마취로 충분합니다.

수술 시간은 1시간 정도 소요되며, 수술 후 30분 정도 안정을 취한 후 바로 귀가할 수 있습니다. 회복 시간도 빨라 다음 날부터 정상적인 일상생활이 가능해요. 다만, 1주일 정도는 뻐근함이나 약간의 불편함을 느낄 수 있습니다. 시술 후 4~6주가 지나야 질 내부의 조직이 완전히 아물기 때문에 성관계는 그 이후에 할 수 있습니다.

전에 이쁜이수술을 했더라도 시술이 가능합니다. 과거에 한 이쁜이수술이 질 입구만 너무 좁혀놔서 성관계에 오히려 어려움이 많다며 찾아온 경우도 있고, 수술 후 전혀 변화가 없다며 찾아온 경우도 있습니다. 이런 경우 질압 측정 등 정확한 검진을 통해 원인을 찾아낸 후 수술하는 것이 중요합니다.

수술은 개개인의 상태와 조건에 따라 맞춤식으로 진행합니다. 사람들의 얼굴 생김새가 다르듯 여성 질의 모양과 상태도 개인차가 많으니까요. 시술 방법이 다양하다 보니 환자로서는 어떤 방법을 선택해야 할지 난감할 수도 있습니다.

반대로 상담도 하지 않고 "이 수술로 해주세요" 하는 것처럼 위험한 것도 없습니다. 똑같이 질의 기능이 떨어졌다고 해도 그 원인에 따라 수술 방법이 다르거든요. 만약 골반 근육이 많이 늘어났거나 손상되었다면 골반 근육을 강화시켜야 제대로 효과를 볼 수 있습니다.

수술 후 관리도 중요합니다. 몇 년 전, 질 성형술을 받기 위해 내원한 환자가 있었습니다. 질 탄력도를 측정해 보았더니 100점 만점에 15점밖에 되지 않더군요. 내진상으로 볼 때도 그녀의 골반 근육은 힘이 하나도 없었습니다. 그래서 시술 후 질 탄력도를 높이기 위한 관리

✦ 질 성형 3종 세트의 장점

- 정밀한 수술이 용이하고 수술 후 모양이 이쁜이수술보다 훨씬 자연스럽다.

- 수술할 때 한꺼번에 3가지 수술을 함으로써 질의 모양과 기능을 동시에 해결할 수 있다.

- 수술할 때 전체적인 조화를 맞추기 때문에 수술 후 만족도가 높다.

- 평소에 고민했던 성적 고민을 해부학적 교정과 미용적인 수정을 통해 토탈 케어가 가능하다.

- 성적 자신감이 높아진다.

- 해부학적으로 분만 전이나 노화 전 상태로 교정하기 때문에 성기능 향상이나 요실금 증상에 도움이 된다.

- 남편의 만족도가 높아져서 여성으로서 자신감이 올라간다.

- 헌 각시가 새 각시가 된다. 여성으로서 다시 태어난다.

프로그램을 진행했어요.

특히 질압이 낮은 경우 수술 후 만족도가 떨어지기 때문에 사후관리가 반드시 필요합니다. 그렇게 해야 여성의 성감을 극대화하고 성적 기능을 향상할 수 있기 때문입니다. 비유하자면 허벅지나 종아리 지방흡입술을 한 후에는 고주파 치료와 엔더몰로지 치료 등으로 꾸준히 사후관리를 해주어야 시술받은 부위가 울퉁불퉁해지지 않고 미끈하고도 탄력 있는 각선미가 만들어지는 것과 같은 이치입니다.

원 포인트 레슨

어떤 방향으로든 노력한 만큼 이루어집니다. 만약에 피부 관리와 얼굴 성형, 질 관리 중에 하나만 선택하라면 당연히 질 관리를 선택해야 합니다. 왜냐면 질 관리 후에 여성으로서 사랑받을 수 있어 다른 시술이 필요 없을 수 있기 때문입니다. 질에 돈과 에너지와 노력을 투자하는 만큼 질은 좋아집니다. 질에 투자하는 것은 하나도 아깝지 않습니다.

10   명기를 위한 '양귀비수술'

G스폿은 강력한 성감대이지만 모든 여성이 그런 것은 아닙니다. 양귀비수술은 자위행위로는 질 오르가슴을 느끼지만 삽입 섹스에서는 잘 느끼지 못하는 여성, 질의 조이는 힘은 있지만 질에서 느껴지는 마찰에 의한 쾌감이 부족한 여성에게 적합합니다.

양귀비수술은 중국 최고의 경국지색으로 불리는 양귀비가 황제를 유혹하기 위해 질에 작은 구슬을 넣어서 훈련했다는 방중술을 응용한 것입니다. 현대 의학에서 보니 그 부위가 G스폿이었고, 그래서 G스폿 부위를 돌출시키는 수술을 양귀비수술이라고 하게 됐습니다.

양귀비수술은 G스폿 부위의 진피층에 일종의 인공 혹을 만들어서 G스폿을 볼록하게 합니다. 사용하는 소재는 주로 필러, 줄기세포나 PRP, 자가 진피이식인데 실리콘이나 젤, 고어텍스처럼 부드러운 보형물을 이식하기도 합니다. 어떤 소재를 사용하느냐는 취향에 따라 결정하면 됩니다.

G스폿에 인공적으로 돌기를 만들어주면 성관계를 할 때 자극을 받

아 성적 쾌감을 느낄 수 있습니다. 또한 G스폿 부위가 볼록하게 돌출되면서 남성의 페니스에 더 강한 자극을 주어 남성의 성적 쾌감을 높여줍니다. 여성의 질은 수축력도 중요하지만 질 안이 밋밋하지 않고 울퉁불퉁할 때 남성들은 더 큰 쾌감을 느끼게 되거든요.

수술 시간은 15분 정도로 간단하며 수술에 의한 출혈이나 통증이 거의 없고, 별다른 후유증도 없습니다. 필러를 주입한 경우 1주일, 볼을 넣은 경우 1개월 후면 삽입 섹스가 가능합니다.

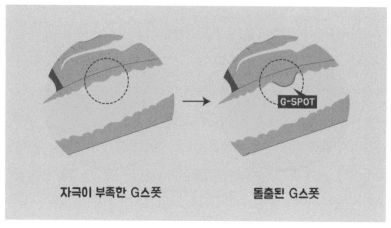

자극이 부족한 G스폿   돌출된 G스폿

©림팩스(홍승수)

수술 결과도 좋은 편이어서 대부분 "주사 한 방 맞았을 뿐인데 이렇게 달라질 수 있을까!" 하며 신기해합니다. 그것이 이 수술을 선호하는 이유입니다.

불감증이 심하다면 삽입 섹스를 할 때 페니스의 자극이 잘 전달되도록 양귀비수술과 함께 이쁜이수술이나 질 레이저 시술을 함께 하면 남성 성기와 여성 성기의 밀착 부위를 넓혀 성감을 높일 수 있습니다.

질 성형을 하고 싶지만 선뜻 용기가 나지 않는 여성, 아주 오래전에 이쁜이수술을 받았지만 별 효과를 보지 못했거나 세월이 흘러 질이 다시 헐거워졌다면 시도할 만한 방법입니다.

부부간의 원만한 성생활은 행복하고 평온한 가정생활을 유지하기 위한 윤활유와 같습니다. 하지만 통계를 보면 정상적인 부부 중 남편과의 성관계에서 오르가슴을 느끼지 못하는 여성이 30~40%에 달합니다. 대부분은 자신의 성적 문제를 입 밖으로 꺼내는 것을 꺼려 남편과의 성관계가 불만족스러워도 운명으로 받아들입니다. 평생 속앓이를 하며 살기보다는 전문가를 통해 해결책을 찾아보길 권합니다.

원 포인트 레슨

세상은 아는 만큼 보입니다. 성이 중요하다는 것을 알면, 인생에서 성의 역할이 커지고, 여성으로서 사랑받는 삶이 조금 더 행복해집니다.

11   명기를 위한 '임플란트 질 성형'

50대 초반의 여성이 저를 찾아왔습니다. 다른 병원에서 질 성형을 두 번씩이나 받았지만 결과가 만족스럽지 못했던 모양입니다. 남편이 성관계할 때마다 "뭔가 허전하다" "조이는 맛이 없다"는 말을 했다니까요.

참으로 난감한 일이죠. 그렇다고 남편의 불만을 계속 무시할 수도 없어서 고민하다 소문을 듣고 저를 찾아온 것입니다.

검진을 해보니 의사인 제가 보기에도 딱하기만 했습니다. 입구는 좁은데 안쪽은 허전하기 그지없었으니까요. 이미 두 번이나 질 성형을 한 그녀에게 같은 수술을 또 권하는 건 무리라고 생각했습니다. 더구나 폐경기를 앞둔 상태라 신중한 접근이 필요했고요.

검진 후 임플란트 질 성형을 권유했습니다.

임플란트 질 성형은 질 안쪽 허전한 곳에 임플란트를 넣어주는 것으로, 특히 남편이 꽉 조이는 맛을 원한다면 권장할 만한 시술입니다. 임플란트 소재가 인간의 원래 골반 근육보다 조이는 탄성이 훨씬 더 강력하거든요. 일반 질 성형보다 몸에 부담도 덜 가는 편이고요.

임플란트 질 성형은 재수술 케이스에 적합한 시술이기도 하지만, 질 성형 시술 후의 금욕 기간(4~6주)이 부담스러운 여성에게도 좋은 대안입니다. 시술 후 4주 정도면 부부관계가 가능하니까요.

이물질을 삽입하는 것에 거부감이 있는 여성이라면 기존의 질 성형이 좋지만, 이물질 삽입에 대한 거부감이 없다면 임플란트 질 성형이 간단하면서도 효과를 극대화할 수 있습니다. 루프 시술처럼 임플란트를 빼고 싶으면 언제든 간단하게 제거할 수도 있고요.

시술 후 두 달쯤 지났을 무렵, 그녀가 병원을 다시 찾았습니다. 처음 저를 찾았을 때보다 활기에 차 있었고 좀 과장해서 말하면 10년은 젊어 보였습니다. 그녀는 같이 온 친구를 소개하며 말했습니다.

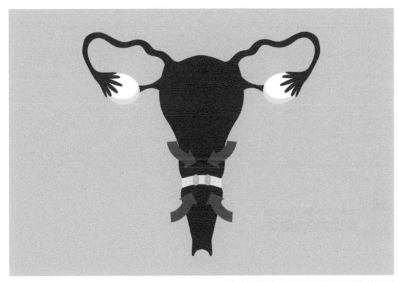

드림코어 임플란트 질 성형 원리 ©림팩스(홍승수)

"예전 질 성형보다 수월해서 좋기도 했지만, 시술 후 남편이 정말 좋아해요. 좋은 거 혼자만 알고 있으려 했는데, 이 친구가 제 인상부터 달라진 걸 보고 자기도 꼭 하고 싶다고 하도 졸라서 데려왔어요."

임플란트 질 성형은 바지에 고무줄을 넣는 것처럼 질에 두꺼운 고무줄을 넣는 것이라고 생각하면 됩니다. 고무줄을 넣으면 바지 허리가 탄력이 생기는 것처럼 질에 탄력이 생기고, 페니스를 꽉 조여줍니다.

원 포인트 레슨

질을 업그레이드하는 방법에는 여러 가지가 있습니다. 각자에게 맞는 방법을 찾아서 레벨 업, 인생 업 할 수 있습니다.

12

명기를 위한 '질 필러'

젊을 때는 화장품을 바르는 것만으로도 얼굴이나 피부의 탄력을 유지할 수 있습니다. 하지만 나이가 들수록 한계가 있죠. 바르는 화장품만으로는 개선이 쉽지 않을 때 흔히 필러 시술을 생각합니다.

얼굴에 사용할 수 있는 모든 항노화 제품은 질에도 사용할 수 있어요. 얼굴의 안티에이징과 질의 안티에이징은 원리가 같기 때문이죠. 필러도 그렇습니다. 얼굴에 필러를 넣는 것처럼 질 점막에 필러를 넣어 엠보싱 돌기 모양의 볼륨을 만들어주고, 질의 폭을 좁혀 질압을 증가시키고, 질 점막의 콜라겐 생성을 돕는 것이 질 필러 시술입니다.

시술 시간도 10분 이내로 간단하고, 시술 당일 일상 복귀가 가능합니다. 일주일이면 성관계도 가능하고요. 이렇게 간단한 시술로 이쁜이수술을 대체할 수 있고, 질이 젊어질 수 있습니다.

질 필러는 크게 세 가지가 있습니다. 히알루론산과 콜라겐 필러, 덱스트란 필러가 있습니다.

HA(히알루론산, Hyaluronic Acid) 필러

부작용이 거의 없이 볼륨을 채우는 효과가 있습니다. 혹시 불만족스러우면 필러를 녹이면 됩니다. 히알루론산 필러는 크로스링킹(cross-linking)의 횟수에 따라 점성, 탄성 등이 달라집니다. 모노페이직은 겔 형태인 필러이고, 바이페이직은 겔에 입자가 함유된 형태의 필러입니다.

모노페이직은 입자가 아주 곱기 때문에 볼륨을 많이 올릴 수는 없지만, 모양이 잘 흘러내리지 않고 그 부위에 계속 잘 머물러 자연스러운 효과를 낼 수 있습니다.

바이페이직은 외부에서 충격을 주더라도 다시 돌아가는 탄성이 강해 모양을 잘 유지해 줄 뿐 아니라 볼륨을 주기에 좋아 볼륨이 많이 필요한 부위에 넣습니다.

모노페이직과 바이페이직의 장단점을 결합해 너무 묽지도, 너무 단단하지도 않은 중간 형태의 필러도 있습니다.

동종진피 콜라겐 필러

나이가 들수록 콜라겐이 빠르게 감소하고 이미 생성된 콜라겐도 쉽게 분해됩니다. 피부 속 콜라겐이 감소하면 탄력이 떨어져 주름이 생기는 등 피부 노화가 가속화하죠. 콜라겐 필러는 콜라겐 생성을 촉진해 피부 노화를 예방하고 탄력 있는 건강한 피부로 가꿔줍니다. 나이가 들면 질 점막의 콜라겐 층도 감소합니다. 이럴 때 질의 항노화와 볼륨, 성형, 안티에이징 목적을 위해 콜라겐 필러를 질에 사용할 수 있습니다.

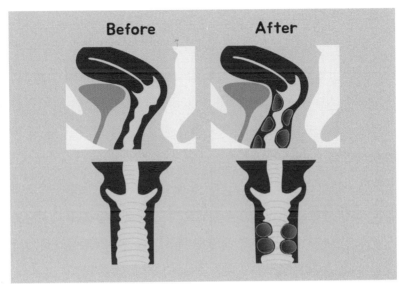

　동종진피를 미분화해 파우더로 가공해 만든 것으로 안전한 필러입니다. 실제 피부 성분으로 만들어져 질에 주입하면 자연스럽게 생착하면서 자가 조직화가 일어나 만족스러운 볼륨과 탄력을 만들어줍니다. 이물감이 거의 느껴지지 않는 부드러운 촉감으로 원하는 부위에서 풍부한 부피 효과가 장기간 안정적으로 유지됩니다. 주입 후 이동성이 없으며 생착이 잘되고, 내 질이 원래 그랬던 것처럼 이완이 없던 상태가 될 수 있습니다.

　또한 빠른 콜라겐 생합성 반응을 유도해 뛰어난 질 축소 효과를 볼 수 있습니다. 질 콜라겐 필러와 조혈모세포, 성장인자를 함께 사용하면 콜라겐 생성을 촉진해 효과를 상승시킬 수 있습니다.

덱스트란 필러

복합당류의 일종인 덱스트란 성분을 포함한 콜라겐 캡슐입니다. 덱스트란은 사탕수수에서 추출한 물질로 독성이 없고 인체에 무해하며 이물 반응, 면역반응이 없는 장점이 있습니다. 2021년 대한민국 식약처에서 "성인 여성의 질 이완으로 인한 증상을 개선할 수 있다"고 허가해 준 안전한 필러입니다.

여성 질벽의 점막하층(질 점막층과 질 근육층 사이)에 주입하는 것으로 질의 볼륨감을 높여주고 질벽을 두껍게 만들어줍니다. 간단한 시술로 질 내 압력을 높이고 모양을 개선해 성생활의 만족감을 증가시킬 수 있습니다.

덱스트란 필러는 질에 삽입하면 주변으로 대식세포가 모이고, 섬유아세포가 자극되어 콜라겐 밴드가 형성돼서 캡슐 필러라고 합니다. 필러를 하고 난 뒤 탄탄한 느낌이 들 수 있습니다. 덱스트란에 PMMA라고 하는 녹지 않는 물질을 섞어서 지속 효과가 길게 유지되도록 합니다. 질 내에 주입한 캡슐 안에서 자가 콜라겐과 신생 혈관을 생성해 자연스러운 효과를 낼 뿐만 아니라 높은 지속력이 가능합니다.

원 포인트 레슨

얼굴에 할 수 있는 모든 시술은 질에도 할 수 있습니다. 얼굴에 필러를 하듯이 질에도 필러를 할 수 있습니다. 이제 필러는 여성 질 관리를 위한 기본이 되고 있습니다.

13
명기를 위한 'PRP 명기샷'

'PRP(자가 혈소판 풍부 혈장) 국소 주사'가 성욕 증대, 윤활 및 오르가슴 등 여성 성기능장애를 치료하거나 요실금 치료에 효과적인 방법이 될 수 있다는 연구 결과가 많이 나와 있습니다. 특히 PRP를 여성 성기 부위에 주입하면 오르가슴을 잘 느낀다며 미국에서는 O-shot(Orgasm shot)이라고 합니다.

PRP의 원리는 이렇습니다.

사람이 다쳐서 피가 나면 우리 몸에서 가장 먼저 일어나는 현상은 몸 안에 있는 혈소판이 상처 부위로 몰려와 지혈을 시키는 것입니다. 그 이유를 연구해 보니 혈소판 안에 줄기세포가 있어서 상처를 치유하는 역할을 하는 것이었습니다.

그 후 PRP를 여러 분야에서 사용하게 됐는데, 기본 원리는 환자의 혈액에서 혈소판이 풍부한 혈장을 추출해 필요한 부위에 주입하면 줄기세포가 활성화돼 그 부위가 재생되는 것입니다. 즉 PRP가 다능성 줄기세포의 활성화를 통해 신체에 새로운 조직의 재성장을 유도하는 것이죠.

PRP는 현재 의학적으로 퇴행성 무릎, 오십견, 테니스엘보, 탈모, 피부, 잇몸 등 다양하게 사용되고 있습니다. 이것을 산부인과 영역에 응용하면 클리토리스와 G스폿, 질, 요도 부위에 주입할 경우 해당 부위로 혈류를 증가시켜 성적 반응과 민감성을 향상하고, 콜라겐과 감각 신경 재성장을 통해 성교통을 완화하고 질의 감도를 높인다는 것이 확인됐습니다.

즉 PRP 주사를 클리토리스나 G스폿에 주입하면 혈류량 증가와 신경세포의 활성화로 감각이 예민해져 오르가슴에 도달하는 데 도움이 됩니다. 또한 PRP를 질에 주입할 경우 콜라겐 합성을 자극해 성교통을 완화하고, 요도에 주입할 경우 요실금을 개선합니다.

원 포인트 레슨

PRP는 자신의 혈액을 활용하기 때문에 부작용도 없고 비교적 저렴하고, 여러 성기능 향상에 도움이 되기 때문에 명기샷으로 불릴 수 있습니다. 명기가 되고 싶은 여성은 적극 활용해볼 만합니다.

14　　　　　　　　　　　　명기를 위한 '질 회춘 레이저'

　질은 나이가 들수록 노화돼 위축되고 딱딱해지고 늘어지고 밋밋해집니다. 이런 질을 부드럽고 촉촉하고 탱탱하게, 즉 젊은 질로 만드는 걸 '질 회춘(vaginal rejuvenation)'이라고 합니다.

　질이 젊어지는 '질 회춘'에 대한 여성의 욕구가 늘면서 많은 과학자와 의공학자, 산부인과 의사들이 이에 대해 고민하고 연구했습니다. 그 결과 '질은 제2의 얼굴'이라는 점에 착안해 만든 질 회춘술 중 하나가 '질 레이저 시술'입니다. 얼굴 피부의 회춘을 돕는 모든 시술은 질에도 적용할 수 있으니까요.

　실제 질 레이저 및 고주파(무선 주파수) 치료는 세포를 자극해 느슨해진 요도와 질 및 외음부 조직을 조여주고 세포를 다시 젊어지게 하는 효과가 있습니다. 이를 통해 질 이완증 및 폐경의 비뇨생식기 증후군(GSM)과 질 위축 증상 개선에 도움을 주는 등 다양한 쓰임새로 갱년기 이후 여성들의 성 고민을 해결해 주는 기적의 시술로 자리 잡고 있습니다.

질 레이저 Q&A

Q 질 위축, 질 이완, 복압성 요실금에 질 레이저가 어떻게 도움이 되나요?

A 우선 열에 의해 질 조직이 수축되는 효과가 있습니다. 그리고 콜라겐과 엘라스틴 생성을 자극해서 재생을 돕습니다. 콜라겐과 엘라스틴이 생성되는 데는 최장 3개월이 걸립니다. 이 과정을 통해 질 조임과 질건조증, 성교통, 비뇨생식기 증상이 개선됩니다.

Q 질 수축과 회춘이 입증됐나요?

A 여러 논문을 통해 질건조증과 성교통, 질 위축과 질 수축, 성기능 개선이 이뤄져 '질 회춘'에 도움이 된다는 것이 확인됐습니다. 시술할 때 느끼는 약간의 통증, 부기 또는 질 분비물과 같이 경미한 부작용은 하루나 이틀 안에 해결됐고, 큰 부작용은 거의 없었습니다. 지금까지 다른 어떤 치료도 이 정도 효과에 근접한 사례가 없었습니다. 이 문제를 해결하고자 하는 여성이 있다면 진찰을 통해 질 상태를 파악한 후 질 회춘 프로그램 중에서 자기에게 맞는 치료를 할 수 있습니다. 질 레이저와 고주파 중 하나만 사용할 수도 있고, 둘 다 사용할 수도 있습니다.

Q 레이저 치료와 고주파 치료의 차이점은 무엇인가요?

A 둘 다 열에너지를 사용해 세포에 영향을 미치지만 장치가 작동하는 방식은 상당히 다릅니다. 레이저 에너지는 조직의 상층부를 치료하고, 고주파는 더 깊숙이 침투할 수 있습니다. 레이저와 고주파를 함께 사용하면 좋은 이유는 서로 보완하는 데 있습니다. 이 조합을 사용하면 매우 효과적입니다. 질 이완, 외음질 건조, 성관계 후 통증이나 염증, 복압성 요실금, 또는 갱년기의 불쾌한 증상이 있는 경우 더 나은 삶을 위해 레이저 및 고주파 치료를 시도할 수 있습니다.

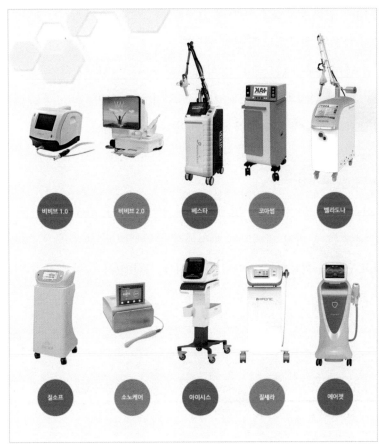

박혜성 원장이 주로 사용하는 여러 가지 종류의 질 레이저 기계

질 레이저 종류

피부과에서 얼굴 탄력이나 색소침착 완화를 위해서 사용하는 레이저를 똑같은 원리로 질에 사용할 수 있습니다. 느슨해진 질을 탄력 있

게 하면 성적 만족도가 높아질 뿐 아니라 질건조증, 요실금, 질염, 방광염 예방과 치료에도 도움이 됩니다.

질 레이저에는 (1) CO_2 방식의 벨라도나, 모나리자 터치, 베스타 (2) 고주파 방식의 비비브, 아이시스, 코아썸, 인디바 (3) 고강도 집속형 초음파를 활용한 질세라, 소노케어 등이 있습니다.

◎ CO_2 레이저

질 레이저 중에서 가장 먼저 사용된 장비입니다. 질에 미세한 상처를 내면 그 부위가 재생되는 과정에서 콜라겐이 생성돼 질이 촉촉해지고 탄력을 회복하는 원리입니다. 시술 시간이 짧은 대신 유지 기간도 짧습니다.

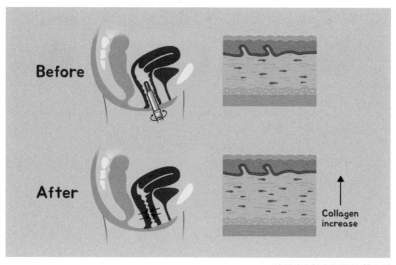

질 레이저 원리 ©림팩스(홍승수)

◎ 고주파 레이저

비비브 고주파 레이저는 미국 식품의약국(FDA)에서 질 이완 개선을 목적으로 승인받은 유일한 장비로 시술 후 1~2년 정도 효과가 유지됩니다. 통증이 거의 없고 시술로 곧바로 성관계가 가능합니다. 아이시스와 코아썸 역시 비비브와 같은 원리의 고주파 장비로 효과 유지 기간은 6개월에서 1년 정도입니다. 또한 인디바는 448KHz RF로 만성 골반통에 사용할 수 있습니다.

◎ 고강도 집속형 초음파 레이저

질세라는 세 가지 카트리지가 360도 회전하며 에너지 깊이를 조절합니다. 소노케어는 초당 1000만 번의 진동으로 질 내의 혈류를 증가시켜 진피층까지 콜라겐 생성을 유도하는 원리입니다. 시술 시간이 10분 이내로 짧고 상처가 남지 않고 통증이 거의 없으며 일상으로 바로 복귀하는 게 가능합니다.

원 포인트 레슨

만약에 한 가지 시술로 명기가 될 수 있다면 그것은 질 레이저 시술일 것입니다. 수술이 아닌 비침습적 시술로 통증이 없으면서 질의 온도를 높이고, 질의 혈류량을 증가시키고, 질의 콜라겐 형성을 도와서 질의 환경을 개선하기 때문입니다. 특히 100세 시대에 남녀가 모두 신체적으로 건강할 경우 성 건강은 아주 중요한데, 질 레이저 시술은 여성이 질을 건강하게 유지하는 데 가장 핫한 치료법입니다.

15   명기를 위한 '질건조증 치료'

갱년기가 오면 여성은 몇 개월만 질을 사용하지 않아도 질이 위축하기 시작합니다. 질 벽이 얇아지고 애액이 적어지며 질이 작아집니다. 팔이나 다리에 깁스해서 사용하지 않으면 근육이 위축되듯이 질도 사용하지 않으면 위축되고 작아지는 거죠.

질건조증과 성교통은 동전의 앞뒷면과 같습니다. 즉 질건조증이 있으면 성교통이 있고, 성교통이 있는 여성의 대부분은 질건조증이 있습니다.

질건조증으로 인한 성교통은 부부관계는 물론 삶의 질에도 큰 영향을 줍니다. 남편 외도의 원인 중 80%는 섹스리스인데, 대부분 질건조증으로 인해 아내가 성관계를 기피하면서 생긴다고 합니다. 그래서 가정을 지키기 위해서라도 성교통의 원인이 되는 질건조증은 반드시 해결하는 것이 좋습니다.

질건조증이 심한 경우 내진만 해도 피가 묻어나올 정도입니다. 이 정도면 애액이 감소하고 질 입구가 딱딱해지며 질 내막이 얇고 건조하며 탄력이 적고 질 자체가 좁아져 삽입할 때 성교통이 생깁니다. 이 상태로 성관계를 하면 질이 가렵고 따갑고 화끈거리는 것은 물론 질이 찢어져 출혈이 생깁니다.

질건조증은 호르몬과 혈액순환, 수분과 탄력이 좌우합니다. 가장 큰 원인은 에스트로겐 감소인데요. 대표적 여성호르몬인 에스트로겐은 질 내막을 두껍고 탄력 있게 또 촉촉하고 건강하게 유지하는 역할을 합니다. 에스트로겐이 감소하면 질건조증과 성교통이 뒤따르게 됩니다.

질건조증은 일상생활에서도 큰 불편을 줍니다. 질과 요도는 인접한 기관이어서 에스트로겐이 부족하면 위축성 질염과 위축성 요도염이 생깁니다. 소변이 자주 마렵고 급하며 잔뇨감이 생기고, 속옷이 음부에 닿으면 따끔거리고 심지어 걸을 때조차 속옷이 스치면서 따갑고 아프죠. 균 검사를 하면 균이 없는데 질염이 자주 생기고, 특히 성관계 후에 여지없이 질염과 방광염이 생깁니다.

질건조증과 성교통을 해결해야 하는 이유

질건조증을 방치하면	질건조증을 해결하면
성교통	성교통이 사리지고
섹스리스	성관계가 가능하고
각방, 외도, 별거, 이혼	남성이 정신적, 육체적 안정을 찾고
남녀 관계 붕괴	남녀 관계 회복
가정 붕괴	가정 회복

이런 비뇨생식기 질환, 질건조증, 성교통 등을 묶어서 폐경기 비뇨생식기증후군, 또는 GSM(Genitourinary Syndrome of Menopause)이라고 합니다.

그러면 어떻게 치료해야 할까요? 오래된 공장 문을 열려면 먼저 먼지와 거미줄을 치워야 하듯이 사용하지 않던 질을 사용하려면 먼지를 걷어내고 기름칠을 해야 합니다.

질건조증 치료는 여러 가지가 있어요.

정기적으로 성관계를 하면 여성이 흥분할 때 질 조직의 혈류가 증가해 애액 생산을 촉진합니다. 섹스 전에 전희를 충분히 해서 흥분이 되면 질건조증 완화에 도움을 줄 수 있습니다. 하지만 질건조증이 심한 경우 성교통 때문에 규칙적인 성관계는 고문이 되기도 하죠.

식물성 에스트로겐 섭취도 방법인데 콩, 견과류, 씨앗 및 두부를 포함한 식물성 식품, 석류, 칡에 많아요. 연구에 따르면 식물성 에스트로겐은 질건조증과 안면 홍조를 개선합니다.

좀 더 적극적인 치료 방법으로는 호르몬 치료가 있습니다. 질 부위에 직접 에스트로겐을 투여하는 것으로 질 크림과 질 좌약이 있어요. 비교적 안전하지만 유방암 병력이 있거나 임신 또는 모유 수유 중인 여성은 주의해야 합니다.

수용성 윤활제를 사용할 수도 있어요. 윤활제는 성교 시 수분을 증가시켜 성관계를 덜 고통스럽게 하죠. 눈이 건조한 사람에게 인공눈물이 필수이듯이 젤은 질이 건조한 여성에게는 필수품이라 할 수 있습니다. 그런데 젤은 피부에 닿으면 차가운 성질이 있어 남성이 그 느낌을 싫어한다면 따뜻한 물에 담가 찬기가 사라진 후에 사용하면 좋아요.

젤의 가장 큰 단점은 남성들이 젤을 먹게 될까 봐 오럴섹스를 피하게 된다는 점입니다. 또한 수용성이라 피스톤 운동을 하다 보면 마른다는 단점이 있고요. 성관계 중에 젤을 덧바르거나 침을 발라야 하는데 이걸 민망해하는 여성도 있고, 달아오르던 흥이 깨질 수도 있습니다.

호르몬요법과 윤활제를 모두 사용해도 해결되지 않는다면 비호르몬 치료 수단인 질 레이저 시술이 대안이 될 수 있습니다.

질 레이저는 질 점막의 콜라겐층을 자극해 질에 탄력과 보습을 줍니다. 얼굴에 레이저 시술을 해 물광 피부를 만들고, 얼굴 뒤에 후광을 만드는 것처럼 질에 레이저를 시술하면 탄력과 애액이 생기는 거죠. 즉 건조한 질에 레이저를 쏘면 질이 탄력 있고 촉촉해져 질건조증과 성교통을 없애는 항노화 치료법입니다.

질건조증은 폐경기 여성에게 흔한 증상입니다. 건강에 심각한 영향을 미치지 않지만 부부 불화의 원인이 될 수 있습니다. 소 잃고 외양간 고치기 전에 고민만 하지 말고 질건조증을 해결하기 위한 행동을 적극적으로 하기 바랍니다. 그것이 가정을 지키는 첫걸음이니까요.

원 포인트 레슨

질건조증은 성교통을 일으키고, 성교통 때문에 섹스리스가 되고, 이로 인해 외도와 이혼으로 이어질 수 있습니다. 질건조증을 해결하면 성교통이 없어지고, 부부관계가 회복될 수 있습니다. 그러니 질건조증은 반드시 해결해야 하지 않을까요?

16 명기를 위한 '질 방귀 치료'

사람 많은 길을 걷는데 갑자기 자신도 모르게 방귀가 나오면 얼마나 창피하고 당혹스럽겠어요. 마찬가지로 성관계 도중 방귀 소리가 나면 순간 당황하고 창피해 쥐구멍에라도 숨고 싶어집니다. 질에서 바람이 빠지며 나는 소리를 '질 방귀'라고 합니다.

젊은 여성도 질 방귀는 생길 수 있어요. 생리혈을 배출하거나 격한 운동 후에 질 내부의 압력 차이로 인해 발생할 수도 있고, 삽입 섹스 중에 체위를 바꾸거나 할 때 질 안에 있던 공기가 밖으로 빠져나오면서 발생할 수도 있습니다. 또 출산하면 질 이완이 심해져 질 방귀가 생기기 쉽습니다. 대부분 시간이 지나면 질 탄력이 회복하면서 사라지지만 그렇지 않은 경우도 많습니다.

더 큰 문제는 노화로 인한 질 방귀입니다. 나이를 먹으면 골반저근이 처지면서 질이 헐거워져 질 안에 공간이 많이 생기게 됩니다. 그만큼 공기 유입 가능성이 커져 질 방귀가 잦아집니다. 이로 인해 성적으로 위축돼 성관계를 기피하는 경우가 많습니다.

가벼운 증세라면 케겔운동을 통해 골반저근을 단련하는 게 좋지만 질 방귀가 시도 때도 없이 빈번하게 나오거나 섹스 분위기를 깰 정도로 심각하다면 질 레이저 축소술을 고려해 볼 수 있습니다. 질을 출산 전의 상태로 좁히면 질 방귀는 대부분 없어지거든요.

물론 무턱대고 수술하면 안 되고, 질압과 질 넓이를 잰 후 상담을 통해 결정하는 것이 좋습니다. 특히 수술할 때 남편의 음경 크기와 두께, 길이 등을 알면 맞춤형 질 성형수술이 가능합니다.

원 포인트 레슨

남성과 여성의 성기 크기가 다를 경우, 특히 남성의 성기가 작고 여성의 성기가 큰 경우 여성의 질을 축소하는 방법을 생각해 볼 수 있습니다. 남녀 궁합이 안 맞을 경우 서로 궁합을 맞추기 위해 성기 크기를 맞추는 것이죠. 마치 살이 찌면 옷의 크기를 늘리고, 살이 빠지면 옷의 크기를 줄이는 것처럼 질의 크기도 조절할 수 있습니다.

17   명기를 위한 '질 확대 수술'

한 환자가 찾아왔습니다. 몇 년 전 이쁜이수술을 했는데 그 후로 질이 건조하고 감각도 떨어지고 애액도 나오지 않고 아파서 거의 성관계를 할 수 없었다는 겁니다. 갱년기가 시작될 즈음에 이쁜이수술을 받았던 거죠.

질건조증이 심한 경우 질에 손가락을 넣어 보면 정말로 딱딱한 느낌이 듭니다. 이런 상태에서 이쁜이수술로 질 입구까지 좁혔으니 음경이 삽입되면 당연히 아프고 제대로 삽입도 안 됐을 것입니다. 여성만 아픈 게 아니라 남성도 페니스에 상처가 나면서 아픕니다. 실제로 그녀의 남편은 페니스를 3분의 1 정도만 질 안에 넣었다 뺐다 하다가 사정하곤 했다고 합니다.

이런 경우 이쁜이수술을 한 질 입구를 터서 원래 상태로 만드는 것이 좋습니다. 원래 상태만큼은 되지 않겠지만 질의 폭을 넓히기 위해 할 수 있는 가장 강력한 방법입니다.

이쁜이수술은 질의 폭만 좁히는 것이 아니라 질 바닥을 받쳐주는 근육까지 묶어주는 수술입니다. 반대로 이쁜이수술을 푸는 방법은 근육을 묶어줄 필요가 없어 이쁜이수술보다는 통증이 훨씬 덜합니다. 질 입구를 트면 질 입구뿐만 아니라 질의 폭도 넓어지기 때문에 갱년기 질건조증 여성에게는 권할 만한 수술이죠.

그녀는 질 입구를 트고 질 레이저 시술을 받고 한 달 후에 다시 병원을 찾았습니다. 수술 후 성관계할 때 아프지 않은 것은 물론 질 입구에서 깔짝거리다 사정해 버리던 남편의 페니스가 끝까지 들어가니까 남편도 감동하고 자신도 좋았다며 행복한 미소를 지었습니다. 그리고 질 레이저 시술을 열 번은 더 하고 싶다며 예약을 하더군요.

갱년기가 되면 몸의 이곳저곳이 삐걱거리게 됩니다. 관절이 안 좋아지면 인공관절 수술을 하는 것은 당연시하면서 질이 건조한 것은 아무런 조치를 취하지 않는 것은 문제가 아닐 수 없습니다. 몸의 불편한 상태를 바로잡을 수 있는 것은 뭐든지 시도해 보는 것이 좋습니다. 특히 질이 좁아지고 딱딱해져서 성교통이 심한 경우, 어떤 치료를 해도 성교통이 해결되지 않을 경우 질을 부드럽게 만드는 치료를 한 후 질의 폭을 넓히는 수술을 하는 것은 좋은 방법입니다.

원 포인트 레슨

이쁜이수술을 한 후 폐경으로 인해 질 위축증이 와서 삽입이 안 된다면 질을 넓히는 수술을 할 것을 권합니다. 이런 수술 방법이 있다는 것 자체를 모르는 여성이 의외로 많습니다. 페니스가 안 들어간다고 고민만 하지 말고, 산부인과에 찾아와서 적극적으로 문제를 해결하세요. 특히 젊었을 때 이쁜이수술을 하고 폐경이 되면 성관계를 할 때마다 질 입구에 자꾸 상처가 생깁니다. 이런 여성에게 꼭 필요한 수술입니다.

18   질 레이저 시술이 가져온 오르가슴

성교통이 심하면 결혼 생활은 지옥과 같습니다. 성관계를 하고 나면 죽을 것같이 아파서 성관계가 마치 전쟁 같아지죠.

필자를 찾아온 60세 여성은 질건조증에 좋다고 하는 것은 모두 시도해 보았다고 합니다. 호르몬 질정도 사용해 보고 건강식품도 복용하고 케겔운동을 하루 500번 이상했지만 아무 소용이 없었다고 합니다.

질이 건조한 여성은 성관계를 피하고 싶은데 남편이 성적으로 건강하다면 부부 사이에 위기가 오게 됩니다. 남편의 욕구를 모른 척하자니 불안하고, 하자니 너무 아픈 진퇴양난의 상태가 되면 정신적으로 육체적으로 정말로 힘들어집니다. 성관계로 인한 통증이 너무 심한데 계속 참으면서 살 수 있을까요?

그녀는 남편이 성관계를 요구할 것 같은 느낌만 들면 일부러 시선도 피하고 곁도 주지 않았다고 합니다. 그저 남편이 하루빨리 발기부전이 되기를 간절히 바랐을 정도입니다.

발기가 안 되는 남성은 부인이 샤워하는 소리를 들으면 자는 척하고,

반대로 질건조증이 심한 여성은 남편이 성관계를 원하는 행동을 하면 아픈 척한다는 말이 있습니다. 한 명은 못 해서 괴롭고 다른 한 명은 못 해줘서 괴로운 상황이 됩니다.

그의 남편도 성관계를 거절한 날이면 불러도 대답도 안 하고, 말투가 퉁명스러워졌고, 사소한 일에도 버럭 화를 내곤 했다고 합니다. 그런 날이 며칠씩 이어졌고요. 그녀는 성관계를 피하면서도 마음이 불안했다고 합니다. 그러다 남편이 바람을 피우지 않을까 하는 두려움 때문이었죠.

그녀에게 질 레이저 시술을 처방해 준 뒤 상태를 물었더니 통증이 크게 줄었다고 했습니다. 그리고 세 번째 병원을 방문했을 때 놀라운 얘기를 했습니다. 평생 기대하지도 않았고 느껴보지도 못했던 오르가슴을 느꼈다는 거예요.

"질이 움찔움찔, 등이 오싹오싹, 다리가 후들후들, 몸이 흔들흔들, 저절로 하아하아 소리가 나고, 정신이 혼미해졌어요. 처음 그런 걸 느껴보니 정말로 신기했어요. 젊었을 때부터 남편이 소리를 지르라고 했지만 어떻게 지르는 건지 알 수가 없었거든요."

그녀는 질 레이저 시술을 두 번째 받고부터는 계속 오르가슴을 느낀다고 합니다. 결혼해서 아이를 낳은 후 한 번도 느끼지 못했던 오르가슴을 환갑이 돼서 느끼게 된 것이죠. 남편의 성관계 습관이 바뀐 것도 아니었습니다. 그녀의 삶에서 바뀐 것은 오직 질 레이저 시술을 받은 것밖에 없었습니다.

질 레이저가 모든 여성에게는 아니겠지만 어떤 여성에게는 오르가습을 선사한다는 것이 놀라웠습니다. 그녀가 바라는 것은 지옥 같은 성교통을 없애는 것이었습니다. 그래서 질건조증을 해결하려고 한 것인데, 거기에 더해 보너스로 오르가슴을 얻은 것이죠.

그 후 남편은 아내가 산부인과에 질 레이저 시술을 받으러 가는 날을 먼저 챙긴다고 합니다. 심지어 친구들에게도 "네 마누라도 산부인과에 보내라"라는 말을 습관처럼 한다고 합니다.

그녀 말고도 필자를 고정적으로 찾아와 질 레이저 시술을 받는 80대 여성이 있습니다. 열 살 연하의 남자친구와 지금도 일주일에 한 번씩 성관계를 즐기기 위해서입니다. 그녀는 심지어 그 나이에도 오르가슴을 느낀다며 수줍게 웃곤 합니다.

질 레이저 시술을 받으러 오는 여성에게는 공통점이 있습니다. 시술을 받으러 올수록 점점 젊어지고 예뻐진다는 점입니다. 화장기 없고 푸석하던 얼굴이 곱게 화장을 하고, 헤어스타일이 변하는 등 점점 세련돼집니다. 이들에겐 질 레이저 시술이 진시황이 그토록 간절히 찾던 불로초인 셈입니다.

원 포인트 레슨

질 레이저 시술이 결코 만병통치약은 아닙니다. 하지만 여성의 질건조증에는 많은 도움이 됩니다. 그리고 덤으로 오르가슴이 따라오기도 합니다. 얼굴 레이저를 생각하면 상상할 수 있습니다. 얼굴이 젊어지는 것처럼 질이 젊어집니다.

19   자궁 적출 후 성생활

자궁 내 질환으로 자궁을 적출해야 하는 경우, 자궁체만 절제하면 다행이지만 주변부(자궁경부, 난소, 나팔관)까지 제거해야 할 수도 있습니다. 자궁절제술을 하면 생리를 안 하게 돼 빈혈이나 생리통이 없어지고, 혹이 제거되니 빈뇨나 요통, 하복부 통증이 없어져 생활의 질이 좋아질 수 있습니다.

하지만 자궁은 생리적 기능을 넘어 여성성의 상징이자 성적 매력을 유지하는 데 중요한 기관입니다. 그래서 자궁을 적출한 여성이나 그 배우자는 수술 후 정상적 부부 생활이 가능할지, 오르가슴에 영향을 미치지 않는지, 앞으로도 예전처럼 성행위를 즐길 수 있는지, 성감이 감퇴하지 않는지 걱정하게 됩니다.

자궁 적출 자체는 성감을 감소시키는 원인이 되지 않습니다. 하지만 '빈궁마마'가 됐다는 사실 때문에 심리적·육체적으로 위축되고, 성적 자존감이 낮아져 부부관계에 악영향을 끼칠 수 있습니다. 또한 질건조증으로 인한 성교통 때문에 성욕 감퇴가 오는 경우도 있고요.

자궁을 들어낸 후 성관계를 할 때 남편이 뭔가 허전하다고 말하는 경우도 있습니다. 보통의 남성들은 잘 느끼지 못하지만, 사람에 따라 성관계를 할 때 질 깊숙한 곳인 자궁경부에 귀두가 닿는 느낌이 없어져 그로 인해 쾌감이 떨어질 수 있거든요.

여성도 마찬가지입니다. 여성의 주요 성감대 중에 A스폿이 있습니다. 자궁경부와 연결되는 질의 가장 깊숙한 곳, 질원개(anterior fornix) 부위입니다. 이 부분이 자극을 받으면 자궁이 위로 밀려 올라가면서 오르가슴을 느끼게 됩니다. 이른바 자궁섹스죠. 그런데 자궁 적출로 자궁경부까지 들어내면 이 부위가 없어지므로 이 쾌감을 맛볼 수 없게 돼 뭔가 허전한 느낌이 들 수 있습니다.

필자는 자궁을 적출해야 하는 경우 자궁경부암 검사를 해서 암이 아니라는 것이 확인되면 자궁경부를 남기고 자궁 적출을 시행합니다. 자연분만이나 제왕절개술을 시행한 후 자궁이 수축되지 않는 경우에 하는 아전자궁적출술을 하는 것이죠.

그렇게 하면 자궁근종 등 고생하던 증상은 사라지고 성관계는 아무 이상 없이 원만하게 할 수 있습니다. 난소까지 남겨두면 호르몬에도 이상이 없어서 그야말로 이상적인 자궁적출술이라 할 수 있습니다. 물론 이 수술은 자궁경부암이나 난소암 등 여성생식기 암이 있을 경우엔 할 수 없습니다.

그렇다면 이미 자궁 전체를 적출한 여성의 경우는 어떻게 할까요? 이미 제거한 자궁경부를 다시 붙일 수도, 새로 만들어줄 수도 없으니 의사로서 난감하지 않을 수 없습니다.

이런 경우 일단 성관계 시 남편이 느끼는 허전함을 없애기 위해 자궁경부가 있던 곳 근처에 실리콘 볼이나 필러를 넣어줍니다. 그러면 남편이 성관계할 때 귀두가 자궁경부에 닿는 느낌을 재현할 수 있습니다.

그리고 질을 좁혀주고 주름을 만들어 스프링처럼 탄력을 주고 촉촉하게 만들어주면 부부 사이의 성감이 살아나고 성기능도 더 좋아질 수 있습니다. 실제 이 시술을 한 결과 많은 부부의 성관계 만족도가 높아졌습니다.

또한 수술 후에 시행하는 질 레이저 시술도 도움이 됩니다.

5년 전에 자궁경부암 4기로 자궁적출술을 시행한 후 항암제와 방사선 치료까지 한 38세 여성이 얼마 전 저를 찾아왔습니다. 그녀는 지난 5년간 성관계를 할 수 없었다고 합니다. 그런데 5년이 지나 이제 완치 판정을 받으니까 남편이 "이제 손으로 하는 것 말고, 당신의 질에 삽입하고 싶다"고 말하더랍니다.

내진했더니 자궁경부암 때문에 자궁적출술 후에 방사선 치료까지 해서 질 너비가 1cm, 길이가 3cm 정도로 위축돼 있었고, 질 조직이 딱딱해서 늘어나지를 않았습니다. 당연히 이 상태로는 성관계를 할 수 없을 것으로 생각됐습니다.

그녀는 이 문제를 해결하기 위해서 수술한 종합병원, 유명 산부인과, 집 근처 산부인과, 강남에 있는 산부인과 등 이미 여러 산부인과를 거쳤습니다. 이외에도 할 수 있는 모든 노력을 했는데도 해결이 안 돼 필자를 찾아온 것이었습니다.

그녀에게 해줄 수 있는 것이 질 레이저 시술밖에 없었습니다. 그 후 그녀가 두 번째 방문했을 때 성관계가 가능했는지 물었죠. 그녀는 남편과 섹스를 했고, 기뻐서 서로 부둥켜안고 울었다고 하더군요.

아프지 않았냐고 묻자 이전에 느꼈던 가장 심한 성교통과 질건조증을 '10'이라고 했을 때 '2.5'정도로 크게 줄었다고 했습니다. 75%가 개선된 것이죠.

저도 놀랐습니다. 자궁경부암 말기에 방사선 치료를 한 여성이 오직 질 레이저 시술로만 성관계가 가능해졌다면 앞으로 많은 여성에게 희망이 될 것이기 때문입니다.

산부인과 의사로서 수술해야 하는 상황이 오면 필자는 습관적으로 수술 후 그 사람의 성생활에 대해 미리 생각하게 됩니다. 성생활이 그 사람에게 미치는 영향이 너무나 크다는 걸 알기 때문이죠. 이런 산부인과 의사로서의 고민이 한 여성이나 그녀의 파트너인 남성에게, 한 가정에, 그리고 사회의 평화에 도움이 된다는 자부심과 기쁨으로 오늘도 활기차게 진료를 시작합니다.

원 포인트 레슨

자궁적출술을 했더라도 절대 성관계를 포기하지 마세요! 자궁적출술 후의 성기능장애는 치료가 어렵지 않습니다.

20　　유방암 환자의 성생활과 질 재활 치료

유방암 수술을 하거나 항암 치료를 마친 후에는 재발을 막기 위해 항에스트로겐을 복용해야 합니다. 이 경우 조기폐경이 오는 것과 같은 상황이 만들어져서 질건조증이 생길 가능성이 큽니다. 그런데 이런 경우 질건조증을 해결하기 위해 여성호르몬제를 사용할 수가 없습니다. 유방암은 에스트로겐을 먹고 자라는 암이기 때문입니다.

유방암 환자는 암 투병으로 인해 성욕이 저하돼 있을 뿐 아니라 항에스트로겐을 사용함으로써 인공 폐경이 와서 질건조증이 생기고, 이로 인해 성관계가 힘든 상황입니다. 하지만 남편의 성욕은 정상적인 경우가 많죠.

암 환자인 아내는 성관계를 거부하며 정신적으로 남편을 밀어내고, 남편은 성적 불만족이 해결되지 않으니까 성적 수치심을 주는 공격으로 맞서게 됩니다. 아내는 자신의 상황을 이해해 주지 않는 남편을 원망하게 됩니다. 그러면서 남편에 대한 기대감이 사라지고 자신에게서 떠나 보내주어야 하는 게 아닌가 생각합니다.

실제 유방암 자체가 이혼 사유가 아닌데도 불구하고 유방암 환자의 12%가 암 진단 후 이혼하거나 헤어진다고 합니다.

여성으로서는 유방암 때문에 성생활이 사치스럽게 느껴지겠지만 남성에게는 여전히 성관계는 중요합니다. 그러니 성관계 개선을 위해 여성의 질건조증과 성교통을 빨리 해결해야 합니다.

유방암 환자는 여성호르몬제가 들어 있는 그 어떤 것도 사용해서는 안 됩니다. 갱년기 여성호르몬제도, 여성호르몬 질정도, 여성호르몬 건강보조식품도 안 되고, 식품이나 음식으로 여성호르몬을 증가시키는 것도 할 수 없습니다.

따라서 이를 제외한 것을 활용해야 합니다. 즉 비호르몬요법을 활용한 질 재활 치료가 필요합니다. 이때 질에 사용하는 보습 젤과 질 레이저 시술이 도움이 될 수 있습니다. 그리고 질 재활 치료를 시작해야 합니다.

원 포인트 레슨

유방암 수술을 했는데 질이 건조하다는 것이 이해가 안 될 수 있습니다. 하지만 유방암 치료 후 질건조증은 흔한 증상입니다. 그래서 모든 유방암 환자는 수술 후 반드시 질 관리를 해야 합니다. 그러지 않으면 유방암은 치료했는데, 내 남자는 다른 여자에게 뺏길 수 있습니다. 나중에 보면 병은 치료했는데 가정은 흔들릴 수 있습니다. 그러니 유방암 치료 중이더라도 반드시 질 관리를 하면서 남편과 성관계를 계속하세요.

21 성욕 저하 치료

성욕 저하는 성기능장애의 가장 흔한 증상으로 최소 6개월 이상 성적 흥미와 욕구의 감소가 일어날 때를 말합니다. 특히 한 파트너는 성욕이 과하거나 정상인데 다른 파트너가 성욕이 감소한 경우 대부분 갈등이 생길 수밖에 없습니다. 이것이 외도의 이유가 되기도 합니다. 그래서 성욕 저하는 반드시 해결해야 하는 문제입니다.

성욕이 저하될 경우 다음과 같은 진단 검사를 합니다.

1. 성기능 설문지, 우울증 설문지 작성

2. 혈액검사_ Testosterone, Prolactin, TSH, FT4, T3, FSH, Estradiol, DHEA, Cortisol, IGF-1, Glucose, HbA1c, Cholesterol, TG, LDL, Homocysteine, MTHFR, Vitamin B6, B9, B12

3. 기능 의학적 검사_ 신경전달물질(DA, Serotonin, NE), 소변 유기

산 검사나 장내 미생물 검사, 뇌기능검사, 자율신경계 검사, 면역
검사 등

4. 소변검사 _ UA, U-culture 및 STD 성 매개 감염 검사

5. 부인과 초음파검사(+Clitoris Doppler)

그럼 성욕 저하는 어떻게 치료할까요? 물론 원인을 제거하는 것입니다.

인간의 2대 욕망이 성욕과 식욕인데 몸이 아프면 식욕과 성욕이 생길 리 없습니다. 따라서 먼저 아픈 곳을 치료해야 합니다. 수술로 인한 폐경, 낮은 안드로겐과 관련된 질환, 고프로락틴혈증, 갑상샘 질환, 당뇨병, 비만, 대사증후군, 심혈관계 질환, 우울증, 신경계 질환, 성 매개 감염, 요로감염 증상, 약물 복용(항우울제, 항정신병약, 경구피임약, 항안드로겐제), 만성피로, 아미노산 부족 등으로 인한 성욕 저하라면 그에 맞는 적절한 치료를 하면 됩니다.

다른 이유는 없고 단지 성욕 저하만 있는 경우라면 신경전달물질이나 호르몬의 문제가 원인인 경우가 많습니다. 이 경우 성욕과 관계된 신경전달물질과 호르몬을 측정해서 부족한 것을 보충하는 게 가장 간단하고 쉬운 치료입니다.

원 포인트 레슨

놀라운 것은 식욕과 성욕, 의욕, 활력은 같이 따라다닌다는 것입니다. 그중 하나가 떨어지면 같이 떨어집니다. 성욕이 좋아지면 의욕과 활력은 덤으로 좋아집니다. 그러니 반드시 성욕을 높이기 위한 노력을 할 것을 권합니다. 성욕 저하로 고민이라면 산부인과에 찾아와서 적극적인 치료를 하세요. 왜냐면 한쪽만 성욕이 낮고, 다른 쪽은 성욕이 정상이라면 남녀 관계에 문제가 생기기 때문입니다.

22   요실금 치료 및 수술

요실금 증상이 있으면 요로감염 등 위생 문제뿐 아니라 심리적으로도 위축돼 우울증 등 삶의 질을 떨어뜨릴 수 있습니다. 국내 조사에 따르면 요실금 환자의 48.7%가 요실금으로 인해서 사회 활동에 제약을 받은 경험이 있다고 합니다.

요실금은 감염, 약물, 신경정신계 질환, 신체 활동의 제약 등이 원인으로 지목되며, 이런 위험인자를 많이 가지고 있는 고연령층에서 주로 발생합니다.

요실금에는 절박 요실금과 복압성 요실금, 그리고 이 두 가지가 동시에 나타나는 복합성 요실금이 있습니다.

절박 요실금은 소변을 잘 참지 못하면서 생기고, 복압성 요실금은 복압이 상승할 때, 즉 기침이나 줄넘기 같은 운동을 할 때 발생합니다. 요도괄약근이 약해져 방광 출구의 요자제 기전에 이상이 생기거나 골반 근육 약화로 발생합니다. 주로 출산력 및 노화와 관련돼 있죠.

요실금이 있는지 진단하려면 우선 병력, 신체검사, 이학적 검사를 통해 요실금을 발생시킬 수 있는 해부학적 원인이나 신경계 이상이 있는지 조사합니다.

절박 요실금인 경우 항무스카린제, 베타3 아드레날린성 작용제 등 약물로 치료가 가능합니다. 복압성 요실금은 골반 근육 또는 요도괄약근 강화를 위한 운동요법이 치료의 기본이지만 둘록세틴·에스트로겐 등 약물 치료를 병행할 수 있고, 가장 중요한 것은 수술입니다.

진단이 불명확하거나 약물 치료 효과가 없어 수술해야 할 때는 정확한 방광 기능 평가를 위해 요역동학 검사를 합니다. 요실금의 원인이 방광 기능 이상인지, 요도 기능 이상인지 확인하고 저장 기능뿐 아니라 요배출 기능에 대한 평가도 합니다.

요실금 수술

복압성 요실금은 약물보다는 수술을 고려합니다. 복압성 요실금과 절박성 요실금이 같이 있는 경우엔 수술과 약물 치료를 병행해야 합니다.

복압성 요실금 수술을 하기에 앞서 정확한 진단을 위한 검사가 필수입니다. 요실금이 정말로 있는지, 어느 정도 심한지, 잔뇨가 있는지, 있다면 양이 어느 정도인지, 방광암이나 방광에 혹은 없는지, 그리고 어떤 종류의 요실금인지 확인한 후 수술을 결정합니다.

그것을 확인하기 위해 잔뇨 검사, 방광경 검사, 요역동학 검사를 하는데요. 가장 중요한 게 요역동학 검사입니다. 두 번 검사하지 않도록 의료진 안내대로 잘 따라서 해야 정확한 검사 결과를 얻을 수 있습니다. 검사 시간은 약 1시간 소요됩니다.

검사하기 전에 미리 주삿바늘로 풍선 부는 연습을 하면 검사할 때 덜 힘들고, 복압성 요실금 여부를 확인하기에 좋습니다. 연습은 재채기 강도만큼, 최대한 있는 힘껏 불어야 하며 하루에 10~20회씩 나눠서 총 50회 정도 연습하면 요실금 검사를 한 번에 끝낼 수 있습니다.

◎ **요실금 수술 안내**

1. 검사는 수술 3~7일 전에 하는 것이 좋습니다. 피검사 결과가 나오는데 시간이 걸리기 때문입니다.

2. 입원하면 수술 준비에 30분 이상, 수술 시간은 20~30분 걸립니다. 유착이 심할 경우 시간이 더 걸릴 수 있습니다.

3. 수면마취를 하기 때문에 수술 후 보통 6시간, 경우에 따라서는 1박 2일이나 2박 3일 입원할 수도 있습니다.

4. 요실금 수술을 할 때 환자가 원하면 자궁근종, 난소낭종, 이쁜이수술, 소음순 축소술, 음핵 거상술, 필러, 질 레이저 등도 병행할 수 있습니다. 이 경우 수술 시간이 길어질 수 있습니다.

◎ **요실금 수술 후 주의 사항**

1. 수술 후 1~2주 정도 좌욕을 권합니다. 세숫대야에 뚜껑 2개 분량의 소독약을 엉덩이를 담글 정도 양의 미지근한 물에 섞어서 매일 아침, 저녁으로 좌욕을 합니다.

2. 수술 후 며칠은 소변을 본 후 잔뇨가 있거나 소변이 시원하지 않을

수 있습니다. 하지만 그 기간이 길어지면 병원에 문의해야 합니다.

3. 수술 후 곧바로 일상생활이 가능하지만 3개월 정도는 무거운 물건을 들거나 과격한 운동은 피해야 합니다.

4. 수술 1주일 후에 실밥을 제거하고, 한 달 후에 수술 결과를 확인합니다. 별문제가 없으면 보통 4~6주 후부터 성관계가 가능합니다.

5. 요실금 수술과 함께 질 성형수술도 많이 하는데, 이때는 주의 사항이 달라질 수 있으므로 정확한 안내를 받아야 합니다.

원 포인트 레슨

요실금으로 고생하시던 분들이 생각보다 수술이 간단한 것에 놀라곤 합니다. 젊은 여성의 경우 수술 예후도 좋고 일상생활 복귀도 빠릅니다.

고마운 것과 사랑하는 것

　남성 대부분은 아내에게 고마움을 느끼며 산다. 하지만 아내가 성관계를 피한다면 남성은 다른 여성에게 눈을 돌리게 된다.

　그리고 아내가 우연히 카톡이나 자동차 블랙박스에서 남편이 다른 여성과 성관계를 하거나 "사랑한다"는 말을 하는 것을 보게 되면 억장이 무너진다. 그녀는 필자를 찾아와 "평생 남편을 위해서 희생하면서 살았는데, 어떻게 다른 여자에게 사랑한다는 말을 할 수 있느냐"고 하소연한다.

　그것은 남성의 본능을 몰라서 하는 소리다. 즉 남성에게는 고마운 것과 사랑하는 것이 분리될 수 있다. 자신을 위해 평생 밥하고 빨래해준 아내에게 고마운 마음이 있지만, 자신과 성관계를 한 여성에게는 사랑하는 마음이 생긴다.

　자식은 평생 자신을 희생해서 나를 키워준 엄마에게 고마운 마음을 갖지만, 엄마가 전화해도 먹고살기 바쁘다는 핑계를 대면서 자주 가지 않는다. 하지만 자기가 사랑하는 사람이 부르면 아무리 바빠도 열일 제치고 달려간다. 고마운 것과 사랑하는 것의 차이를 조금은 짐작

할 수 있는 비유가 아닐까 싶다.

평생 남편과 자식을 위해서 헌신하면서 살아온 여성들이 가장 이해 못 하는 것이 바로 이 부분이다. 어떻게 고마운 것과 사랑하는 것이 다를 수 있느냐는 것이다. 그런데 그것이 가능한 것이 남성이라는 것을, 많은 여성을 상담하면서 필자도 깨닫게 되었다.

대부분의 여성은 남성과는 다르다. 고마운 것과 사랑하는 것이 거의 같은 개념이다. 그러니 여성은 남성을 이해할 수가 없다. 그래서 여성이 남성에 대해서 반드시 알아야 할 대목도 이것이다. 여성을 알고 남성을 알아야 내 삶을 완벽하게 살아낼 수 있지 않겠는가.

물론 모든 남성에게 해당하는 내용이 아닐 수 있다. 하지만 나를 찾아온 여성들의 이야기를 종합해 보면, 이런 차이를 몰라서 비극적 결과를 맞는다는 것을 알게 됐다.

아이를 잘 키우고, 시부모님도 잘 돌보고, 살림도 잘하는 아내들이 나이 50~60세가 돼서 남편의 이런 행동 때문에 마음에 상처를 받고 온다. 자신이 무엇을 잘못했는지 몰라서, 남성의 행동을 이해할 수가 없어서, 자신이 앞으로 어떻게 해야 할지 몰라서 필자를 찾아온다. 그녀는 남편에게 고맙다는 말 대신 사랑한다는 말을 듣고 싶어 한다.

하지만 그녀는 어떻게 행동해야 남성이 그녀에게 사랑한다는 말을 하는지 잘 모른다. 그 해답은, 즉 남성이 여성에게 사랑한다는 말을 할 수 있게 만들 수 있는 상황은, 남성이 여성에게 육체적으로 받아들여지는 것이다.

남성은 여성의 질에 삽입했을 때 비로소 남성으로서 인정받는다고 생각하고 남성으로서 사랑받는다고 받아들인다.

만약 여성이 피곤하다고, 질이 건조하고 아파서 성관계를 피하면 남성은 '이 여자는 나를 더는 사랑하지 않는구나!' '내가 필요 없을 때 이 여자는 나를 언제든지 떠날 수 있겠구나' 하고 생각한다.

반면 이유를 불문하고 여성이 남성을 받아들이면, 남성은 '어떤 상황에서도 이 여자는 나를 사랑하고 내 곁을 떠나지 않겠구나!' 하고 안심한다.

여성 대부분은 이런 남성의 뇌 구조를 이해할 수 없다. 그래서 많은 가정에서 비극이 시작된다.

결혼해서 아이를 키우는 아내 대부분은 아이를 챙기고, 살림하느라 남편에게 집중할 수가 없다. 남편 말고도 신경 쓸 일이 너무 많다. 그렇게 남편을 챙기지 못하는 사이에 집 밖에서 만나는 여성이 남편에게 조금이라도 친절하면 남편은 유혹에 빠질 수 있다.

그래서 결혼이 사랑의 무덤이라고 하는지도 모른다. 여전히 남성으로 살아가는 남편과 엄마로 살아가는 여성이 한집에서 살아야 하기 때문이다. 결혼의 비극은 여기서 시작된다.

아이를 키우느라 정신 없던 아내가 쉰 살쯤 되면 아이들이 대학에 들어가면서 시간적으로 정신적으로 자유를 얻게 되고, 비로소 남편의 행동이 눈에 들어오게 된다. 결혼하고 20년이 지나서야 아내는 남편이 다른 여성에게 눈을 돌린 것도 보이고, 신경을 쓰게 된다.

이때 아내가 절대로 이해할 수 없는 것이 이 부분이다. 어떻게 아이를 키우느라 고생한 아내에게 고맙다고 생각하면서 다른 여성에게 사랑한다고 말하고 외도를 할 수 있느냐는 것이다. 그녀는 그동안 껍데 기하고만 살았다는 억울한 마음이 든다. 그 시점에서 아내는 남편과 계속 살 것인지, 아니면 이혼할 것인지 결정하게 된다.

만약 그동안 성적으로 소홀했던 아내가 이제라도 남편과 관계를 회복하고 싶다면 신혼 때처럼 혹은 연애 시절처럼 남편과 성관계를 회복해야 한다. 그러면 대부분의 남편은 제자리로 돌아오고, 아내에 게 사랑한다는 말을 다시 하게 될 것이다.

지금이라도 남성을 이해한다면 여성은 남편의 마음을 다시 찾아올 수 있다. 왜냐면 남성에게 사랑은 섹스이고, 섹스가 사랑이기 때문이다. 그렇게 남성에게 섹스가 아주 중요하다. 그리고 섹스가 중요한 남성을 다시 내 곁으로 데려오는 방법도 바로 섹스를 해주는 것이다.

남편을 비난하고 싶고 책임지게 하고 싶으면 이혼을 결정하고, 그렇 지 않다면 성관계를 회복하기 바란다. 이제부터라도 고마운 것과 사 랑하는 것이 일치하게끔 연습하기 바란다.

고맙다는 말보다 사랑한다는 말에 더 신경 쓰고 살기 바란다.

이것이 산부인과 전문의 30년 차이면서 성적 문제로 고민하는 여 성을 오랫동안 상담하고 치료한 의학박사로서 여성에게 말하고 싶은 결론이다.

성은 남녀 관계에서 보약이다!

You can do it!

You try it!

산부인과TV

박혜성의 **명기** 만들기

발행	2024년 12월 26일
지은이	박혜성
편집	신옥진
교열	황금희
디자인	선우디자인
발행처	희망마루
출판등록	2021년 6월 21일 (제2021-000061호)
주소	서울 서대문구 충정로53 유원골든타워 1504호
전화	02-3147-1007
이메일	heemangmaru@naver.com
인쇄	삼덕정판사
ISBN	979-11-975167-3-3 (13590)

가격	20,000원